湛庐CHEERS

与最聪明的人共同进化

HERE COMES EVERYBODY

CHEERS
湛庐

[美]
弗兰克·凯尔
Frank C. Keil 著

惊奇岁月
WONDER

马小凤 译

中国纺织出版社有限公司

测一测

如何有效发掘孩子惊人的学习能力？

扫码激活这本书，
获取你的专属福利

- 许多给孩子看的魔术表演能大获成功，主要原因是什么？（单选题）

  A. 优美的乐曲

  B. 高难度的技巧

  C. 表演中分发的奖励

  D. 滑稽的服饰和可爱的动物

扫码获取
全部测试题及答案，
一起守护人类童年的
惊奇天赋

- 为了培养孩子的早期的惊奇天赋，父母可以采取哪些更简单有效的做法？（单选题）

  A. 让孩子上科学思维课

  B. 经常带孩子去博物馆

  C. 经常问孩子日常生活中的科学原理

  D. 保持对事物的普遍好奇，并乐于与孩子分享

- 为了更有效地提升孩子对 STEM 学习的兴趣，老师应该如何做？（单选题）

  A. 关注孩子们能做到的事

  B. 成为孩子忠实的“信息播报员”

  C. 鼓励孩子提问并自己寻找答案

  D. 为能自己解决问题的孩子提供物质奖励

扫描左侧二维码查看本书更多测试题

创造令人“惊奇”的学习体验

顾远
群岛教育创变者社区创始人，《教育 3.0》作者

湛庐的编辑邀请我给美国认知心理学家弗兰克·凯尔的新书《惊奇岁月》写推荐序，并告诉我“你一定会喜欢这本书”。读完全书，我发现确实如此。这本书里的核心观点和我在《教育 3.0》一书中提出的不少观点相呼应，并且给出了丰富的研究数据和实践案例。

我在《教育 3.0》中提出过“第一性原理”：每个人都是天生爱学习的，教育的作用是发挥这种天性并助力人的成长。在《惊奇岁月》一书中，作者用“惊奇”（Wonder）概括了人类与生俱来的这种学习天性。

“惊奇”不等于“好奇”，后者只是想知道接下来会发生什么，而前者超越了对基本事实或琐碎信息的好奇，让人渴望知道“为什么”以及“如何”，并由此产生强烈的学习意愿和行为。每一个被孩子整天的“为什么”折磨着的成年人想必对孩子们的“惊奇”都有体验。然而，我们却未必意识到孩子们在“惊奇”背后所展现出的强大的认知能力。

当孩子问我们“树有心脏吗”，作为成年人，我们很可能只会说一句“没有”，并把这个问题当作孩子因为无知而问出的一个幼稚问题。可孩子不会被我们轻易地打发，他们会追问:“树会长大的。如果没有心脏，那么它是怎么把养分运到身体各个地方去的呢? ”此时我们才会意识到，原来哪怕是很小的孩子也已经具备了类比、因果、归纳等抽象认知能力。

遗憾的是，大多数成年人可能一直都在低估孩子们的能力，视他们的头脑为“一块白板”，把孩子们的“惊奇”当作他们无知的证据，把孩子们的探索当作充满错误的危险行为而加以制止。这也解释了为什么孩子的年龄越大，能够提出的问题却越少。他们的“惊奇”被抑制了，他们的提问权被剥夺了，他们探索世界的方式因没有获得足够的支持而“发育不良”。

如今的学校教育很大程度上正是建立在这种对孩子能力的低估，以及对儿童认知发展的错误理解上的。人们以为儿童的认知发展只能从“具象”到“抽象”，只能从“简单”到“复杂”，所以教育便总是先用简单的知识点来填充孩子们的大脑，认为他们无法理解更深刻的道理。

我在一所学校参访时，曾经遇到一位愁眉苦脸的孩子。他告诉我，他和同学们想要在学校搭建一个鸡舍，给自己养的小鸡更舒适的住处。他们去向老师寻求支持，却被告知“测量是四年级的学习内容，而他们才一年级，所以不能现在就教给他们，教了他们也理解不了”。

这位教师显然不知道美国教育学家布鲁纳的那句名言:“任何学科的基本原理都可以用某种形式教给任何年龄的任何人。”大量的实证研究已经表明，孩子们哪怕在很小的时候，就已经具备了“对因果关系在构建知识体系中所起的独特作用的感知”，以及“感知不同要素如何以系统的和可预测的方式相互作用的能力”。事实上，孩子的“惊奇”对于学习和成长而言，所能发挥的最大作用正是对“机制模式”的特殊理解。

我在“教育 3.0 教学设计”工作坊里每次都会问教育者们一个问题:“你知不

知道自己究竟在教的是什么？”这个问题往往会让在场的教育者们一愣。很多人以为自己在教的是某个具体的学科，却发现孩子们记忆了一堆的知识点，却无法解释某种功能或者现象背后的原理；孩子们背得出一堆的公式定理，却对某个学科独特的认知方式一无所知。显然，这样的教育很难做到学以致用，也很难让孩子们真正地爱上学习。

反过来，如果我们能够意识到孩子们的“惊奇”背后是他们对世间万物运作机制了解的渴望，并且更妙的是，他们也具备相应的认知能力，那么我们的教学设计就会全然不同。

作者在书中给出了很多的教学设计实例。如果我们可以在孩子们叠纸飞机并比赛看谁的飞机飞得更远的游戏中，指引孩子们观察机头重量、翼展、机翼形状、机翼倾斜度等变量对飞行距离远近的影响，鼓励他们做出不同的飞机设计并比较结果，那么孩子们便会在持续不断的“惊奇”中开始感知到这些变量之间的关系，理解飞行的原理。随着他们不断长大，他们将会知道更多的变量以及这些变量之间的作用关系，而对原理的理解则成为他们贯彻始终的、最重要的收获，帮助他们解释真实世界里的很多现象并将所学加以应用。

这也就意味着，如果想要培养孩子们的科学素养，正确的做法并不是在一年级教他们如何观察，二年级教他们提出假设，三年级教他们设计实验，四年级教他们搜集数据验证假设，而是在一年级就让孩子们体验这四个阶段组合的完整过程，只不过在更高的年级，这个过程中的变量将会更多，实验将会更精密，数据将会更复杂。

在“教育 3.0 教学设计”工作坊里，我把这样的教学设计称作基于“最小全局认知”的教学设计。在这样的教学设计中，具象和抽象的学习始终是同时发生的，事实性知识与程序性知识总是和背后的更深层次的原理相关，具体的学科知识总是会指向学科的素养。

说到这里，我想起我的一位朋友，她是一位物理老师。有一天，她发现家里的洗衣机总是有噪声，却找不到原因，于是找维修师傅上门来修。师傅很快就发现了问题，告诉她是因为她用了洗衣袋，随着转筒高速旋转产生的离心力，衣物在不同部位的重量分布不均导致机器失衡，所以会发出噪声。她告诉我，那一刻她感到很沮丧。因为她在大学学了四年物理，然后在中学教了三年物理，但是在遇到生活中这个具体问题的时候，她完全没有把它和离心力这个很普通的物理概念联系起来。她觉得当下的教育真的太有问题了，也开始反思自己作为一个物理老师究竟应该教的是什么。

在《惊奇岁月》中，作者提出充分借助孩子们与生俱来的“惊奇”和对“机制模式”的理解能力，让教育真正做到学以致用，并带来成长和改变。在作者看来，教育和学习的成果理应包含“一个人的想法是否发生了实质性的改变”，这意味着学到了新的知识或谬误，还意味着学到了新的因果模型或解释。

从这样的标准来看，如今很多的教育都是不合格的。更严重的是，如今步入AI时代，信息变得唾手可得，无须深思和探索，我们便可以获得很多问题的答案。此时，人们很容易滋生出一种“知道感”，并因此而日渐失去了“惊奇”的能力。人人都成了肤浅的“知道分子”，却并未真正了解世界运行的机制、功能背后的原理，难以回应生活中真实的困扰，更无法去创造。

是时候让每个人都能享有更多的令人“惊奇”的学习体验了！

为什么孩子上学后不爱提问了

在我家孩子小的时候，我们一家住在美国纽约州北部悬崖边上的一座房子里，在那里，我们可以俯瞰卡尤加湖。当我们走在通往湖边的 98 级台阶上时，悬崖上的页岩会碎裂，然后掉落在台阶上，悬崖常常露出一些小化石，有贝壳化石、三叶虫化石、树叶化石，还有其他图案不明的化石。这些化石引起了孩子们的好奇心，他们很快就注意到，那些不是没有生命的石头，化石里蕴含着生命。于是，他们开始提问："那是什么？""它为什么在那里？""它是怎么形成的？""它为什么会存在这么久？"我们的每一次回答，通常都会引发他们更多的探究。

在那个没有搜索引擎的年代，我们会去旧货市场买来 1929 年版的《不列颠百科全书》寻找答案，有时候我还会打电话咨询康奈尔大学的同事。尽管已经过去 30 多年，但我们全家对那段时光依然印象深刻。这些看似普通的事情实际上涉及了很多认知活动，体现了孩子在学习上的强大天赋。

本书将讲述最近几年儿童心理研究的重大进展，揭示儿童在发展早期阶段展现出的非凡的认知能力，正是这种学习能力推动着他们对新奇事物进行探索。学龄前儿童不仅需要学习关于他们所处世界的客观事实和图像信息，还需要学习科学中的基本因果关系。婴儿可以区分社会性和非社会性，并在学龄前和学龄初期持续发展这一能力。他们不仅是个体学习者，还是知识群体中的一员。他们很早就懂得如何从群体中获取知识，并且学会了如何更好地与他人交流，在学习过程中持续成长。

随着孩子们渐渐长大，探索新事物和与它们互动的快乐时光往往会逐渐减少，他们对新事物的惊奇（wonder）也会减弱，不再主动去理解新知识。我想详细说明这种变化是如何发生的，我认为这种变化既不必然发生，也不应该发生。最新研究表明，孩子天生具有的探索欲和好奇心可以让他们一生都保持对科学的热爱，这会给他们带来巨大的好处。当我们不再享受探索和寻找答案的乐趣时，就错失了进一步理解世界的机会，甚至不能理解基本的因果关系，从而无法深入了解人造设备运作和自然现象形成的原理。尽管我们每天都吃东西、用钥匙开门，但对这背后的原理一无所知，并经常意识不到自己对此一无所知，这样就更容易被他人误导和操控。

在这个日益复杂的世界，我们似乎只能被迫放弃主动权，被动依赖他人，但又不能真正了解他人的知识来源和知识基础。在本书的三个部分中，我反驳了这种观点。

在第一部分中，我详细讲解了婴儿在开口说话之前就拥有的非凡的认知能力。我展示了幼儿具备的各种天赋，他们可以猜测事物的运作方式，并通过个体探索、获取他人知识以及观察可能有特殊信息价值的因果模式和结构等方式来增进理解。这表明幼儿具备许多发展成熟科学思维的关键先决条件，以及杰出科学家通常具备的探索和发现的热情。

在第二部分中，我展示了孩子的惊奇是如何被扼杀和扭曲，从而导致他们失去探索欲的。我先讲述了关于孩子的思维和动机的很吸引人但错误的观点，随后，我展示了这些错误的观点是如何导致孩子在上学后逐渐丧失自发的探索、推测和提问的能力的，这些现象本不必发生，却频繁出现。

在第三部分中，我讲述了压制惊奇与鼓励惊奇给孩子带来的两种截然不同的未来。我描述了人们是如何受到认知偏见和知识盲点的影响，怀疑和否认科学，过上一种脱离科学的惨淡生活的。这种对科学的怀疑和否认会导致教条主义，扭曲人们对周围世界的理解。接着，我描述了另一种生活：一些有志之士从未停止对世界保持惊奇，他们沉浸在持续的发现中，让日常体验变得更加深刻和更有价值。我展示了如何唤醒人们在童年时期就拥有的积极认知习惯，这将使个体和社会都受益。通过了解个体错觉和社会影响如何使我们偏离正轨，如何使我们更容易受到认知偏见和对科学的消极态度的影响，我们可以看到不同的、更有价值的道路。我们可以像孩子那样，持续体验发现的乐趣，探索因果关系，而不只是被外表美丽的事物所吸引。

当重新唤醒发展早期阶段的认知习惯后，我们将不再疏离科学，不再对基本科学原理一无所知，也不再公开敌视科学界。借助天生的认知特点，我们能够避开无知的陷阱，更好地识别虚假信息，更全面地参与和科学技术相关的重要决策。从更深层次的角度来说，重新接触科学对个体和群体的未来都至关重要。

WONDER

目 录

第一部分

童年的学习天赋

第 1 章

惊奇的起落：从探索到冷漠

惊奇的兴衰

我们家几千米外有一家知名的独立书店，书店里有大量的新书和经典著作。读者都在这家书店购买哪些书呢？畅销书榜单上大约有一半是纪实文学。在纪实文学类畅销书里，一般最多只有一本是有关科学的书。在美国科学类畅销书榜单上，排名前 20 的书很少是解释科学机制的，然而科学机制正是科学的核心。可是，科学类畅销书大多是人物传记与自助指南。我们发现，排名比较靠前的谈论“科学”的书往往是在攻击科学，给科学研究打上欺骗、种族主义、歧视女性和腐败的标签。2019 年 10 月，科学与数学类畅销书榜单上排名前 10 的书包括一本饮食规划书、一本分析媒体如何报道美国总统的书以及一本延缓衰老的指南。这 3 本书可能提供了有价值的信息，却并未对其背后的科学机制进行深入探讨和解释。在排名前 10 的书中，有一本关于传统科学主题的书叫《戴帽子的猫》，这是一本给幼儿园孩子看的讲太阳系的书。如果将范围扩大到科学与数学类畅销书榜单中排名前 20 的书，那么还有谈论种族问题的书、讲心理治疗技巧的书、讲如何释放无限潜力的书，以及讲如何活出不羁人生的书。当然，榜单前 20 名确实包含更传统的科学主题的书，如历史学、社会学、认知心理学类的书，以及探索化学知识的精美插图书。即便如此，这些书中关于自然界与人造界因果机制的内容还是少得出奇。总体而言，在众多榜单上，过去 10 年间各领域排名前 10 的畅销书中，只有一本书是公认的属于科学主题的——《给忙碌者的天体物理学》。从书名就可以看出来，人们不想在这个话题上多做停留。

相比之下，在那家独立书店面向 5 岁以下孩子的童书中，科学内容往往更受欢迎。比如《美国国家地理儿童百科全书》，书中包含诸如“种子是如何生长的？”“气球为什么会飘起来？”“眼镜是如何工作的？”等问题。进一步系统地看，那家独立书店2020年列出的面向5岁以下孩子的10大纪实文学类童书包括《如果你有动物的牙齿》《隐藏人物》《小猫为什么这样做？》《我们是园丁》《虫子的后花园》以及《酷酷的汽车和卡车》。在书店附近有家玩具店，售卖孩子喜欢的玩具，包括观察昆虫的放大镜、磁铁套装、望远镜和各种建筑模型套装。放眼望去，不管在什么地方，孩子们似乎都渴望得到科学的解释，成年人则没有多少兴趣。

也许这种年龄差异只是反映了父母对孩子未来职业的期望，但孩子们在这两家店的表现说明情况并非如此。早在进入小学之前，孩子们就会迫不及待地探索周围世界，为层出不穷的“为什么”和“如何”寻找答案。

在美国国会图书馆的 1.6 亿册图书中，如果搜索与因果解释相关的短语开头的书名，比如“为什么”和“如何”，就能从书名中发现不同年龄段的内容偏好。2019 年 10 月的搜索结果显示，约有 250 本书的书名以“为什么”开头，其中大部分是非科学主题的成人书，如《为什么艺术家那么穷？打破经济规则的艺术产业》和《为什么承包商总是迟到？》；约有 25 本是关于自然科学的，其中 24 本是面向孩子的，如《为什么动物的颜色不同？》和《为什么会有波浪？》，唯一的例外是一本 1997 年出版的关于科学未解之谜的书《黑洞为什么不是黑色的？》。

针对成年人的解答“为什么”的书通常趣味性强且深入浅出，只是内容与传统科学无关。以其他短语开头的书名情况也是如此。比如，在 1 100 本以“如何”开头的书中，约有 10% 的书涉及工程学和科学，比如《飞机是如何飞的？》《动物是如何活动的？》。在这些书中，童书占比超过 90%。而不涉及工程学和科学的书数量要多得多，主要面向成年人，如《银行如何应对流动性风险？》《教会是如何发展的？》。

以上是在大型图书馆中对书名进行抽样调查的结果，与畅销书榜单的年龄调查结果一致。孩子似乎比成年人更关心这个世界是怎样的，以及为什么是这样的。近 10 年来的大量研究证实了这种明显的书名模式。[1] 3 ～ 6 岁的孩子会真诚地提许多关于“为什么”和“如何”的问题，[2] 但孩子上小学之后，这些提问就显著减少了。[3] 年龄较大的孩子可能会提出更有针对性的问题，但关于“为什么”和“如何”的问题会大幅减少。

大部分孩子对科学的热爱会在成年后逐渐消退。这是否与科学本身有关？对科学技术的日益熟悉会导致孩子失去兴趣吗？尽管有这样的说法，但真正的原因是孩子的惊奇在衰退。

> 惊奇是人类探索和发现的动力，当它消失时，人类对世界万物运行规律的迷恋也会随之消失。

我们生来就具有许多惊奇的特质——旺盛的好奇心，对周围世界有着强烈的探索欲。婴幼儿每天都采用复杂的方法对这个世界进行科学探索。但是，早期的这种探究之火会逐渐熄灭。惊奇的丧失并不是因为我们突然什么都懂了，而是因为怀疑、逃避和否认会深入生活的许多方面。惊奇的丧失会导致我们对事物机制的理解能力变弱，容易被他人误导和操控，更糟糕的是，会让我们失去探索的乐趣。然而，惊奇的丧失并非不可避免。通过更好地理解这种特质在童年时期是如何出现和发展的，以及了解成年人面临的竞争压力，我们可以采取简单的行动重新唤醒最初的火花，让生活被惊奇照亮。身为科学家、医生和宇航员的梅·杰米森（Mae Jemison）从小便热爱科学，并将这份热爱贯彻终生。在 2019 年的一次采访中，她完美地捕捉到了惊奇的核心：

对我来说，我想知道世界是如何运转的。每个孩子都想知道世界是如何运转的。我们真正需要做的是尊重并整合这种不可思议的好奇心。孩子们会捡虫子、观察事物、做实验，这是他们探索世界的方式。教育可能出现的问题之一就是破坏了这种好奇心。我们要求孩子给出特定答案，要求他们记住某些知识，但这不是有效的学习方法。我们的目标应该是利用他们天生具备的能力收集信息、解决问题并加以完善。[4]

1979 年，心理学家玛格丽特·唐纳森（Margaret Donaldson）出版了一部名为《儿童的心智》（*Children's Minds*）[5] 的里程碑式著作。她通过巧妙的实验和论证，揭示了之前一些刻板的认知发展阶段论（stage theory）是错误的。幼儿并没有被困在概念浅薄的早期思维阶段而无法获得某些形式的理解力和洞察力。该书中的内容是最早也是最有力的论据之一，引发了认知发展研究的一场革命，也对早期阶段的惊奇给予了肯定。在该书的结尾，唐纳森阐述了当孩子上学后这种惊奇会迅速衰减的现象。在随后的一篇论文中，她将此问题表述为“学校教育与儿童的心智发展不匹配”。[6] 遗憾的是，正如唐纳森所暗示的那样，这种不匹配及其对惊奇的负面影响仍然存在。在我写这本书的几个月前，唐纳森去世了，享年 94 岁，希望我们最终能正视这种不匹配。

惊　奇

大约在 675 年，古英语中首次出现了“惊奇”一词的英文 wonder，这个词出现在卡德蒙（Caedmon）的一首赞美诗中。卡德蒙是一个来自苏格兰南部的牧牛人，据说他并不识字。[7] 他在赞美诗中所说的 wonder 是古英语中的 wundor 或 uundra，指对自然界的敬畏，包括对人类的敬畏。直到现在，敬畏仍然是 wonder 这个英文单词的含义之一，但惊奇并不仅仅指敬畏。敬畏通常是被动的，接近于茫然无措的崇敬。我们将采用《牛津英语词典》中对“惊奇”一词所做的更积极的解释，即“渴望知道或学习”。惊奇是一种内在的动力。理查德·霍姆斯（Richard Holmes）以其浪漫主义诗人传记及著作《惊奇年代》（*The Age of Wonder*）而闻名，他认为惊奇蕴含着多种意义，这些意义随着时代的变化而持续演变，但始终会回到“一种孩子般对知识和探索的热情”这一意义上。惊奇意义的变化通常反映出道德观念的变化。科学史学家洛雷恩·达斯顿（Lorraine Daston）和凯瑟琳·帕克（Katherine Park）讲解了从 1150 年到 1750 年关于惊奇意义和道德基调的一系列戏剧性的变化。[8]

今天，对于科学而言，惊奇的含义已有所不同。研究宗教、科学和环境的学者莉萨·西德里斯（Lisa Sideris）指出，将惊奇视为揭示宇宙故事的手段会导致人类产生傲慢和主宰世界的感觉。[9] 相比之下，她更喜欢自然主义者蕾切尔·卡森（Rachel Carson）的书中体现的惊奇：随着每一项新发现揭开更深层次的谜团，人们的谦逊和对神秘的敬畏也会增加。[10] 考虑到惊奇有多重意义和内涵，我们有必要明确，本书所指的惊奇与孩子如何认识世界密切相关。

> 惊奇不同于好奇（curiosity）。[11] 好奇通常意味着想知道“接下来会发生什么”或者“缺少了什么”。只有对原因和机制的好奇有认知上的支撑，才能更接近惊奇，才能引发一系列问题。

对事实的好奇往往会引出简单的答案，并且很快结束话题。比如，问“美国哪个州的汽车最多”，只会得到“加利福尼亚州”的回答，话题就此结束。而问“向日葵是怎样移动的”，会得到“向日葵在生长期间会转动花盘，早上面向太阳，并在一天中追随太阳”的回答。这个答案还会引发继续提问，如“这是怎么做到的”“为什么只有生长期间的向日葵才会这样”……这类追究因果关系的问题会不断开辟新的解释领域，唤起令人兴奋的探索之旅。有时，对事实的好奇也可以带来更多信息，但这种情况很少。在这里，惊奇包含了对知识的追求，是关于“如何”和“为什么”的提问。这是对科学始终保持兴趣的核心动力。惊奇不仅仅是问“接下来会发生什么”，还是问“下一个是像 X、像 Y，还是像 Z”。

惊奇超越了单纯的好奇，在对已有知识和主要因果关系的理解基础上，提出了一些可能的解释，并努力弄清哪一种解释更准确以及如何完善它。

> 惊叹（marvel）[12] 也有惊奇的意思。惊叹与惊奇通常都是针对令人敬畏的事物，但当孩子们沉浸在惊奇中时，他们所做的远不止被动地惊叹。卡森将惊奇的敬畏表述为一种喜悦的惊叹，由于洞察了巨大的新领域，有很多新的模式可以探索而感到欣喜若狂。惊奇的敬畏并非成年人所经历的茫然、充满恐惧的敬畏。

近一个世纪前，在巴布亚新几内亚的一个偏远地区，人类学家玛格丽特·米德（Margaret Mead）观察到，当孩子们被问到“为什么绑在树上的船会在一夜之间漂走”时，他们会解释摇晃的船是如何逐渐解开绳结的。相比之下，许多成年人会用神灵、道德上的过失和超自然力量的干预来解释。[13] 当我们把孩子的惊奇看作一种超自然力量时，其实是强加了成年人的解释。

孩子的惊奇类似于探索新环境的行为。当你第一次背包在高山荒野中旅行时，随着前方地形的展开，你会想知道下一个拐弯处会有什么，而且通常会走得更快一些，以便一探究竟。你并不期待出现意料之外的事情。你所走过的地形和周围的景色暗示着各种合理的可能：你可能看到远处的高山草甸、溪流潺潺的峡谷、需要小心穿越的冰碛岩。你的设想是受限的。你不会期望看到海浪、雨林或游乐园。当库克船长首次航行穿越好望角，进入辽阔的太平洋时，他想知道会发现什么，同时有合理的设想：一个广阔的南半球大陆，一座从亚洲延伸出的长半岛，一个不可通航的赤道无风带。他从欧洲航海前辈那里得到了这些提示，但这些提示只是为他的惊奇增添了指引。

每一次由惊奇驱动的探索，都会使惊奇变得更加深入和细致。期望会变得更具体，还会引出更多合逻辑的可能性。生态学家苏珊娜·西马德（Suzanne Simard）发现了连接地下树木的真菌网络，她最初想知道这些真菌网络是如何相互连接的，以及为什么相互连接。在了解到这些真菌网络可以传输营养物质后，她又想知道这种连接的进化原理，以及它们可能涉及的有关利他主义理论的谜题。[14]

惊奇通常体现在“我想知道，为什么……”“我想知道，如何……”“我想知道，是不是……”等句式中。惊奇者们（wonderers）渴望通过这些问题证实或驳斥一种预期或解释，并非做确切的正式预测，而是做有根据的推测。我对惊奇的直觉源自对孩子的观察，尤其是对我的 3 个儿子和孙女弗朗西丝的观察。弗朗西丝现在两岁，她对探索正在发生的事情及其原因有着强烈的渴望。只要身处新的空间，她就会迅速四处游荡，直到对空间布局有了较好的感知。她会迅速关注所有新的设备或动物，并立即进行检查。她不是像某些人类学实地研究中要求的那样，做耐心的、不介入的隐形观察者，而是一头扎进去，疯狂地抓、摸、闻。她尽一切努力去了解新的事物。起初，家人必须限制她的这些活动，以免她或物体受到伤害。随着与事物接触的增多，她表现出更有针对性的尝试，意识到一些行为存在风险，比如不能用力打猫。

所有孩子身上都存在这种探索模式，当他们发现令人兴奋的新事物时，会高兴地尖叫。参与滋养惊奇的活动会带来巨大的动力。在过去的几个月里，我们不止一次地将弗朗西丝从这些活动中拉开，提醒她该吃午餐了、该睡觉了，或者该离开雪地回家了。她的抗议表现出一种超越生理饥饿、疲劳和身体不适的思维渴求。为什么孩子的思维渴求如此强烈，甚至超越了他们对营养和庇护的需求？在这里，惊奇给予孩子一种能动性和自我效能感。她不仅学到了更多的世界和事物的运作方式，还学会了如何加深理解。她掌握了操纵物体的不同方法，变得擅长获取他人头脑中的信息。探索那些让她惊奇的事物会让她感到充实和满足。每一个新的见解都会激发出更复杂的猜想。

对某一事物的惊奇会持续变化并引发新的惊奇。这一过程很容易让人沉浸于探索之中。弗朗西丝 11 个月大时第一次发现钢琴，当时她对自己敲击琴键所产生的声音着迷不已。在接下来的几个月里，她通过自己的努力逐渐了解不同琴键会发出高低不同的声音，单个琴键发出的声音比相邻 3 个琴键同时发出的声音更清脆，按照特定顺序按键会产生悦耳的声音，她还察觉到一些类似节奏的规律。她对钢琴内部的工作原理很感兴趣，但我们尚未找到安全的方法让她去探索钢琴内部。

通过观察孩子的行为以及研究文献，我们将惊奇理解为一种启发和激励的过程，它能让我们更丰富地体验生活，并赋予事物更多的意义。这种观点存在一定争议，甚至在济慈的《拉弥亚》(*Lamia*）一诗中受到了强烈批评。[15] 济慈认为，牛顿用三棱镜分解光的构成这一行为破坏了美感和神秘感——他将彩虹的美丽织锦简单粗暴地“拆解”为物理成分。

马克·吐温似乎对此表示赞同，他哀叹作为一名领航员，在了解河流“运作”方式后，河流的美便在他眼中消失了：

> 不，河流的浪漫和美丽已经荡然无存。对我来说，现在河流全部的价值仅在于它对安全驾驶蒸汽船有帮助。从那时起，我就深深同情医生。医生看到美人脸颊上可爱的红晕时，是否只会想到这是某种致命疾病的征兆，而无法欣赏这种美丽？难道他看到的这些有魅力的事物，对他而言都隐藏着衰败的迹象和征兆的种子吗？他到底有没有看到过她的美丽，还是他只会以专业的眼光看待她，在内心评论她不健康的状况？他难道不会疑惑，自己选择了这一行，究竟是获得了更多，还是失去了更多？[16]

马克·吐温在这里描述的是两种现象。他提出了更深层次的理解会取代对美的感知的观点，同时指出了内在兴趣是如何被破坏的，或者说玩耍是如何演变成工作的。动机因素既可以抑制又可以促进自发的享受，马克·吐温在其他著作里多次提及这一点。济慈有时会混淆快乐玩耍如何被工作破坏，以及科学如何破坏美丽和敬畏这两个观点。这两者很容易混淆。济慈对科学的态度比他在诗中展现出的更加微妙。在短暂的 25 年人生中，他在中学时获得过科学奖，后进入医学院学习，对神经系统和知觉等课题产生浓厚的兴趣。在他的著作中随处可见医学典故，在《初读查普曼译荷马史诗》（*On First Looking into Chapman's Homer*）中，他赞美了探索和发现的乐趣。[17] 显然，他容易感到惊奇，他想知道科学何时强化了美，何时玷污了美，以及这两种尺度之间的张力。

当然，我们都知道学究可能会让所有事情变得乏味，但学究并非仅限于科学家。我们可以想想小说中的精彩章节是如何被学究式的“细读法”① 毁掉的，以及

---

① “细读法”（close reading）是 20 世纪英美新批评学派创造的一种文学批评方法，理论核心是关注文本，其基本内容是“对诗歌进行分析性的细读”，通过细致分析，找出上下文关系及诗外之意。——编者注

历史上的精彩事件是如何陷入无数警示和注解的。科学领域同样存在这类问题。此外，惊奇作为激发兴趣和探索的灵感燃料，贯穿于各个学科领域。通过更深入了解年少时期的惊奇，以及这种惊奇在一切都顺利的情况下的发展，我们可以增进科学与人文之间的关系。

惊奇需要适度和节奏。持续地对某件事情产生越来越多的惊奇，而不停下来消化所学到的知识是不可取的。在这一点上，产生惊奇就像享用一份丰盛的甜点。或许我会对向日葵朝向太阳感到惊奇，迫不及待地去探究未成熟植物的生长速度如何影响追踪运动的各个过程。当我了解阳光如何影响特定基因的表达后，我不再对向日葵朝向太阳感到惊奇，而是巩固自己的见解，并将其融入已有的知识体系中。

我可以轻松地将惊奇转移到另一个相关问题上，比如为什么玫瑰不会像向日葵那样朝向太阳，我也可以探索全新的话题。保持惊奇并不意味着持续地深入还原主义的层次结构中，最终获得分子或亚原子层面的解释。人们在达到某种程度的满足，或者在某方面遇到挫折时，会灵活地转向其他问题。随着对相关知识的深入了解，比如更好地理解调控基因的表达，你可能会重新回到之前的层面，继续探索向日葵。反复回顾和深入探究是孩子学习的标准化操作程序，同样也应该是成年人学习的标准化操作程序。

在这里，惊奇是一种探索、发现和理解的动力。惊奇驱动的探索是循环往复的，每一次连续的探索都会对未来可能发生的事情进行细致勾勒。这是一种令人愉悦甚至兴奋的活动，它可以增强能动性和自我效能感，并给人注入一种由衷的谦逊。你将学会如何以更有价值、更有洞察力的方式与世界相处。曾经模糊的因果关系现在变得清晰，你会明白事物为什么以及如何运作，同时也会开拓全新的惊奇领域。**惊奇赋予事物更多的美感和意义，这便是惊奇会让我们对科学产生兴趣的核心原因。**

惊奇是一种在发展早期阶段自发的热情，随着年龄增长，这种热情往往会逐渐消退。当这种热情消退时，科学也许就会失去吸引力，甚至令人厌恶。然而，这并非我们必然的命运。在某些时刻、某些地方，当个体和社会的态度有效结合时，惊奇之花在童年之后依然能持续绽放。

惊奇产生的年龄和群体

尽管随着年龄的增长，惊奇可能会减少，但并非总是如此。在某些时期，社会群体普遍会对科学感到惊奇和着迷。历史学家曾讲述过一群拥有不同背景的人跨越传统界限，共同体验跨学科的惊奇狂欢。在《惊奇年代》的作者霍姆斯看来，那是在 1770 年到 1830 年，是启蒙运动的最后阶段。霍姆斯指出，在这个时期，牛顿的理性探索和培根的谨慎思考转变为更富有激情的思维形式。他讲述了一个令人陶醉狂喜的新时代，在这个时代，科学家和诗人相互启发（毕竟是浪漫主义时期），彼此赋予隐喻，甚至为对方提供思维模型，公众也被热情邀请参与讨论。

在这个时期，化学家汉弗莱·戴维（Humphry Davy）是一个至关重要的人物。戴维出身贫寒，早年自学成才，后来他对化学的热情得到了良师益友的支持。在二三十岁的时候，他在伦敦的英国皇家学院和英国皇家学会为公众举办讲座。讲座通常对所有人开放，但吸引的主要是一些贵族和中产阶级。在当时，向更广泛的非科学家听众开放科学活动实属非凡之举，其受众远远超出了精英赞助人的范围。当读到这些科学家及其文学伙伴的故事时，人们会沉浸在发现的兴奋和对探索的热爱之中。事实上，科学与地理探索经常交织在一起，当英国探险家们到达未知的地方后，会回到英国皇家学会（其成员通常是他们的赞助人），就他们的旅行发表演讲。他们如孩子般对世界感到惊奇。诗人、评论家和神学家塞缪尔·柯勒律治（Samuel Coleridge）在散文中提供了许多例证：

> 第一个科学家是渴望通过探索和了解事物来获得知识满足感的人，而非仅仅为了寻找食物、庇护所、武器、工具或玩具的人。[18]

1802 年，柯勒律治参加了戴维在英国皇家学院举办的一系列关于化学的讲座。柯勒律治以文学的理由为自己出席化学讲座进行辩解，他说：“我参加戴维的讲座是为了更新我的隐喻储备。”[19] 戴维是那个时期理想的科学家，因为他的科学讲座极具吸引力，受到所有参与者的热烈欢迎。他培养了一群充满活力和多元化的人，这个群体对于获取更多知识充满热情。通过合作和竞争，这个群体扩展到法国、德国以及欧洲其他地区，甚至扩展到了当时刚刚建立不久的美国。

在历史上的其他时期也出现过跨学科的繁荣。在古希腊的黄金时代（公元前 500 年至前 300 年），柏拉图、苏格拉底和亚里士多德提出的思想和理论模型至今仍在被讨论。1000 年至 1250 年，“安达卢西亚启蒙运动”在西班牙兴起，[20]吸引了来自不同地方的科学家、数学家和人文学者欢聚一堂，展现出学术研究和创造力的蓬勃发展。中国的宋朝（960 年至 1279 年）是一个思想自由、创造力迸发的时代。800 年至 1100 年，哈萨克斯坦、吉尔吉斯斯坦、塔吉克斯坦、土库曼斯坦和乌兹别克斯坦这些中亚地区的学科研究取得了重大进展。[21]当然，还有数以百计的案例表明，一些有感召力的终身惊奇者激发了群体的灵感，并受到政府的保护，政府甚至会鼓励新思想和创新。欧洲的启蒙运动对后世产生了深远影响，[22]但在整个历史长河中，充满活力的惊奇群体似乎只是短暂地出现过。

在我上小学时，我所在的社区掀起了一股科学热潮。苏联在 1957 年 10 月 4 日成功发射了第一颗人造卫星“斯普特尼克 1 号”，这让美国人大受震撼，开始反省自身在科学教育上的失败以及对下一代科学家的忽视。[23]美国掀起了一股对科学教育的支持浪潮。

从一年级开始，我目睹了学校科学演示的兴起，以及家庭科学项目的迅速发展。实际上，我所有的朋友都至少拥有一套化学试剂包，许多试剂包的毒性和危险性都超出了人们的想象。我敢肯定，我的一个试剂包里有砒霜和镭晶体碎片，我朋友们的试剂包里还有具爆炸性的物质。此外，我家源源不断地收到来自我祖父母、姑妈和朋友的科学资源包。我家门口出现的“火箭套装”，不仅有醋和小苏打版本的，还有威力更大的化学混合物版本的。我很荣幸地收到过电子电路套装、矿石收音机组件、建造模型，以及“透明人”（一种有透明塑料外壳的人体模型，可以将所有器官放入其中，就像一个立体拼图）。我每个月都能收到名为“科学物品”的蓝色小盒子，里面有进行生物、化学和物理学实验所需的材料和说明。

教育学者杰弗里·赫罗尔德（Jeffrey Herold）在一档广播节目中报道了苏联时期的一个叫伊万的青少年，他在各个学科和课外活动中都表现得很出色。[24]随后节目对美国田纳西州的青少年进行了采访，询问他们对这个报道的看法。田纳西州的青少年对伊万的评价并不高，说他学习太用功，可能不擅长人际交往。赫罗尔德认为，俄罗斯民族关注学习和成就，而美国人更注重同龄人间的交往和受欢迎程度。

我经常在学校里听到这样的报道：俄罗斯民族的学生在数学和科学领域遥遥领先，他们在学习上很努力，他们之中最优秀的学生在高中之前就学习微积分了。我当时并不知道微积分是什么，只知道大多数美国高中都不教微积分。这种明显的差距并非仅限于我周围的青少年。《斯普特尼克时刻》（*The Sputnik Moment*）是戴维·霍夫曼（David Hoffman）执导的纪录片，这部片子详细讲述了俄罗斯民族的孩子每周上 6 天学，每年上学时间比美国学生多 1 个月；他们平均每晚做 4 小时的家庭作业，而美国学生只做 30 分钟。俄罗斯民族的孩子接受的科学、数学和工程学教育比美国学生多得多（见图 1–1）。不知何故，我们将这些关于俄罗斯民族的报道视为要面对的挑战，并相信我们能够应对这些挑战，还能在这个过程中，比俄罗斯民族享受更多的乐趣。1961 年，肯尼迪总统宣布我们要登上月球，8 年后我们实现了这一目标。

随后，美国向科学研究和科学教育投入了大量资金。每个人似乎都在赞美科学、数学和工程学。如果你当时只有 5 岁，并且满怀惊奇，那将是一段非常美好的时光。现在回想起来，我深深赞赏这种对科学的狂热和对科学投入的激增。然而，这些科学资源的分配并不均衡，科学仍存在严重的性别偏见。此外，科学也没有跨学科融合，没有人尝试将科学与人文进行创造性结合。人们唯一感兴趣的“融合”（fusion）是核聚变（nuclear fusion）。鉴于我所处的世界一隅和我的童年经历，我对科学的兴趣之火帮助我开拓了自己的惊奇岁月。如今，在世界各地惊奇不断涌现，但并不像想象中那样具有影响力。涌现惊奇应该被视为一种常态，而不是罕见、奇妙和需要呵护的花朵。

图 1-1　20 世纪 60 年代初，在美国流传的莫斯科学生上课的照片

自 20 世纪中叶以来，成年人对科学的惊奇是否也有消退呢？对过去美好时光的怀念往往只是记忆偏差，而没有经过细致分析。[25] 年轻人对科学的怀旧浪潮很容易导致一种错误观点，这种观点认为在过去的时光里，整个文化主体都在积极地参与科学。我必须谨慎对待此类观点。话虽如此，20 世纪 50 年代和 60 年代的科学和工程学世界与今天大不相同。在思考世界的发展变化时，偶尔回顾过去 70 年来科学技术和相关文化的变化是有益的。从教育实践和科技特性来看，我们有理由对一些变化感到担忧。目前虽然有很多人会讨论培养孩子对科学、技术、工程学和数学相关领域的兴趣的重要性，但这与培养孩子对科学的持续兴趣以及在成年后保持这种内在兴趣是不同的。

惊奇会搅动社会，具有反叛性和破坏性，特别是问“为什么”和“如何”的行为会被视为品质上的恶习。一些人，如神学家奥古斯丁，会谴责这种求知和求解的行为，将其视为欲望、傲慢和虚荣导致的可憎之举。[26] 这让人联想到亚当和夏娃在知善恶树下犯的原罪，并推论：渴望知道“为什么”和“如何”是错误的，可能会亵渎宗教教义，导致无神论，并获得禁忌的知识。[27] 积极、自由的惊奇者被视为挑战现状的异端。尽管许多人认为质疑者和求知者是傲慢和虚荣的，但心理学研究与此观点完全相反。你知道得越多，就越能意识到自己知识的局限性。[28] 正如苏格拉底观察到的那样，知识培养的是谦逊，而不是傲慢。惊奇之所以非凡，是因为它既是谦逊的行为，又是思想独立的行为。每个人都有权思考事情为什么会这样，以及如何做才能有不同。保护和培养孩子的惊奇，就是捍卫进行质疑和探索其他可能性的权利。当然，许多以任务为导向的惊奇可能并非那么高尚，比如冷战期间对武器改良的惊奇，[29] 但镇压、禁止这些行为肯定不是解决办法。在最本质的状态下，蕾切尔·卡森（Rachel Carson）将惊奇和谦逊视为相互交织的“有益情感”，它们无法与毁灭欲望共存。[30] 当惊奇不再被任务所驱动，而只是内在动机的时候，我们必然会意识到在追求某些想法或假设的过程中面临一些道德陷阱。

超越自然科学

本书聚焦于自然科学和工程学领域中惊奇的兴衰。为什么不将关注点扩展至其他领域呢？在社会科学和人文科学领域，孩子和成年人都能够清晰地感受到求知和探索的动力。孩子们会提出各种问题，比如，为什么在疲惫时更容易与朋友发生争执，为什么流行玩具价格昂贵，为什么儿童读物中有那么多会说话的动物，为什么大多数歌曲的旋律会有起伏。这些问题以及无数其他问题都拥有独特的探索路径和发现之旅，令人着迷。

我们对自然科学和工程学的关注，无论是与历史上还是与当前我们对惊奇相关认知的讨论都高度契合。此外，美国在知晓苏联成功发射人造卫星后，再次将科学和工程学作为国家层面的关键议题，在其他研究领域就没有这种情况。可以说，科学对改善人类的生活条件产生了巨大的影响。[31] 史蒂芬·平克（Steven Pinker）说，仅天花疫苗一项成就就在20世纪拯救了2亿多人的生命①。相比之下，最惨烈的人类战争也不会牵涉到那么多生命。科技的发展推动了全球变暖，最终可能导致数亿人丧生，但如果没有科技，我们永远不会意识到这一威胁，也就无法思考如何解决这一危机。因此，任何领域的努力都应得到尊重和支持，这些努力会以不同的方式

① 史蒂芬·平克是世界顶尖的语言学家和认知心理学家，也是一位百科全书式的学者。这个观点出自他的经典著作《当下的启蒙》。这是一部描绘世界大图景的鸿篇巨制，对当前世界进行了全景式的评述，让读者了解人类面临着怎样的挑战，以及该如何应对这些挑战。作者呼吁我们避开惊悚的头条新闻和灰暗的末日预言，并通过75幅震撼人心的图表论证了人类的寿命、健康、食物、和平、知识、幸福等都呈向上趋势。这部著作得到《人类简史》的作者尤瓦尔·赫拉利、《自私的基因》的作者理查德·道金斯和比尔·盖茨等知名人士的好评。这部著作的中文简体字版已由湛庐引进，浙江科学技术出版社出版。——编者注

发挥作用，而科学和技术给生活带来的变化最具体。

美国国家科学基金会资助了“人：一门研究课程”（Man：A Course of Study，MACOS）项目，以期在自然科学教育领域引发类似“斯普特尼克热”的现象。MACOS 致力于将心理学、人类学和社会学等主题融入自然科学教育的热潮中。[32] 然而，就像在社会科学领域经常发生的那样，MACOS 备受争议，反对者认为其课程中暗含道德和政治议程。一些人认为 MACOS 讨论的一些话题反传统、不爱国，该项目也很快被叫停。在生物学领域的惊奇可以是对蛋壳的结构和功能感兴趣，而在社会科学领域，保持惊奇往往需要小心翼翼。

相较于自然科学，有些读者可能对社会科学和人文科学更感兴趣。由于本书的许多论点适用性广泛，因此我们偶尔会提及其他研究领域。婴幼儿在社会科学和道德学领域会展现出发展早期阶段的技能，他们可以欣赏艺术，比如音乐。在发展早期阶段，并不存在社会科学或自然科学的“专门领域”。**婴幼儿从真正意义上来说是文科生。**他们喜欢学习自己接触到的所有东西。发展早期阶段对开放自我的决心，有望让我们在一生中都保持和滋养惊奇。即使我们的主要兴趣或职业方向发生变化，也不必丢掉对自然科学和工程学的兴趣。我们可能选择在别的领域努力，但始终可以欣赏不同学科之间相互启迪、相互借鉴的惊奇和愉悦。

本书的一个重要主题可以简单概括为“好奇的人想知道”（enquiring minds want to know）。这句话捕捉到了学龄前儿童活跃的求知驱动力，也是美国八卦小报《国家询问报》（*The National Enquirer*）的口号。这种对比提醒我们：

> 探寻信息的原因是多样的。然而，在知识探索中，最初的、最强大的、最令人满足的是对因果关系和美妙机制进行探索。这种探索使我们能够更深入、更有效地了解世界，更全面地认识世界，并意识到自己有多么幸运。

孩子也会提出宗教和社会文化习俗等方面的难题，尽管他们无法找到能推动持续探索的答案，但这并不妨碍他们对这些话题感兴趣。[33]

当然，我们有时也会沉迷于收集和传播八卦消息。这类行为总是以伤害他人为代价，很少能带来真正的愉悦，而且随着时间的推移，这类行为所带来的情绪体验会越来越糟糕。婴幼儿的世界里没有八卦。他们积极获取新信息的动力来自内心深处对于了解周围一切并与他人分享的渴望。这种渴望显然不是激发人类行为的唯一动力。我们也渴望拥有社交伙伴，渴望体验快乐甚至某些形式的痛苦，[34] 渴望了解社交网络和我们在其中的地位。许多动物对特定营养物质（如蛋白质或葡萄糖等）有一种内在的需求。当体内的这些营养物质水平降低到一定程度时，这种需求会变得更加强烈。[35] 人类也有不同的心理需求要被满足。惊奇可能是其中最有激励性却又最容易被忽视的一种。

> 惊奇超越了对基本事实或琐碎信息的好奇。惊奇不是被植入孩子大脑中的，不是被灌输或由文化熏陶出来的，它是人类普遍存在、与生俱来的对原理的追求，由探索推动，为成长提供重要的优势。

惊奇帮助孩子理解周围事物的因果关系，它是深度社会化的，在对话、教学和相互依赖的知识网络中得以充分发展。

通过深入探究惊奇的目标和其产生的内在心理表征，我们发现了一种关键的思维方式：机制性思维①，即对事物运作方式的深度兴趣。孩子很早就能够感受到机制性解释的特殊力量，主动探索、分享并灵活运用这些解释。他们探寻机制细节，然后利用这些细节对不同类别的现象做出抽象的因果概括。尽管他们可能忘记构建这些因果概括基础层面的细节，但这依然有助于理解新的现象。

虽然惊奇可以在所有孩子中自发产生，但也需要滋养和支持才能开花结果。这主要是通过与他人的适当互动来实现的。惊奇受到打击和压制的情况经常发生。即使是最满怀善意的成年人，也可能会对孩子如何自然地理解世界以及他们的理解如

① 机制性思维（mechanistic mind），一种分析和理解现象的思维和方法，侧重于揭示系统或过程的内部工作机制和因果关系。——编者注

何随着成长变化产生误解。当成年人和整个文化建立的系统和程序破坏了惊奇动机时，惊奇就会被抑制和扼杀。

惊奇被压制和削弱可能会导致人们的认知退化，更容易受到误导性的认知偏见、错误信息和盲目跟风的影响。最终，没有惊奇的生活可能导致人们远离科学，甚至反对科学。当这种情况发生时，我们便在最需要科学的时刻失去了进行有意义的科学讨论的能力。

幸运的是，即使一切都对惊奇不利，我们也可以重新唤醒自己和群体的惊奇。这并不是盲目的乐观主义。要做到这一点，需要一系列成本不高且易于实施的活动，这些活动可以重新点燃我们内心的火焰，并让我们共享惊奇的温暖。那么，让我们先从孩子说起。

第 2 章

惊奇推动的 4 大认知能力

孩子并不总能正确理解事物。他们对自然和科技的看法，会被成年人认为是明显错误的。不过，就算是顶尖的科学家有时也会对事物产生误解。关键是要弄清楚他们为何会产生误解，他们的误解揭示了他们思考的方式、构建知识的方式、理解的方式。许多时候，我们都能从中发现令人吃惊的推理机制。我的大儿子德里克在他 4 岁那年的夏天，问了一个令我吃惊的问题："树有心脏吗？"我并未直接回答"有"或者"没有"，而是问他为什么会这么问。紧接着，他抛出了一堆论据："因为人有心脏，昨天你说我们的小狗黛西需要服用治疗心脏病的药物。这么说来，人和狗都有心脏。当我提到黛西的时候，你告诉我所有动物都需要心脏，因为心脏能够把从食物中获取的养分通过血液输送到身体各个部位……所以树也一定有心脏。"当我问他为什么树非得有心脏时，他说："树是活的，会越长越大，每年都长出新叶子，结出的种子又会长出更多的树，而且树受伤了还能自我修复。所以……它们一定是通过血液和心脏将养分输送到体内各个部位，也许它们的血液就像枫树里的糖液一样。"（邻居家的枫树上会挂着桶以收集枫树里的糖液。）了解儿子的想法后，我才告诉他，树其实没有心脏。儿子听后，立刻要我解释树的"血液"是如何输向各个部位的。我绞尽脑汁，想到了渗透压、毛细现象及树叶的光合作用，但我意识到自己无法提供任何有意义的解释。所以，我像往常一样搪塞道：“这很复杂。”

在这个过程中，我可以看出儿子进行了大量的思考和推理，关于这个话题将在后面几章中进一步论述。我们可以推断，孩子的内心充满了自发的惊奇和寻求答案的动力。他们会不断提出因果关系，并做出超越当下即时信息的推论。发展心理学家杰罗姆·布鲁纳（Jerome Bruner）就这种现象发表过一段知名的观点：“能超越所给信息把事情搞清楚是我们为数不多的、不掺杂质的乐趣。”从我儿子的询问中可以看出，他适时使用了我在之前的对话中提供的信息。结果，那个信息令他产生了误解。不过，因为这一误解，我们看到了孩子的洞察力。那么，这种认知机制是如何形成的呢？它起源于婴儿时期。

婴儿在开口说话、听懂他人的话之前，就已经对周围事物产生的原因和方式充满了好奇。他们能够迅速感知周围事物的因果关系。因此，语前期婴儿（preverbal infants）① 曾被称为“摇篮里的科学家”。但这一说法很快引起了关于“科学家”含义的争论。不管从哪个方面理解，婴儿都算不上科学家。他们无法正式提出假设，无法严谨地检验假设，也不会为了捍卫自己的观点而与人争论。然而，他们确实有阐释和预测能力，这种能力类似于各个年龄段的孩子用来理解复杂系统的能力。婴儿会以“假设”的方式探索事物。这些语前期的探索活动是他们渴望学习的早期迹象。无论是探索周围世界的因果关系，还是运用策略来了解这个世界，婴儿都很擅长。

过去几十年，关于婴幼儿心智的研究数不胜数，研究主题也多种多样。[1] 用一句话总结这些研究结果：婴幼儿的认知能力远比人们想的要强大。这些早期的认知能力为惊奇的发展提供了要素。为了了解惊奇是如何产生的，我们需要知道是什么促使早期的惊奇发展为想象力和探索力。

① 语前期婴儿是指处于开始说话之前的语言发展早期阶段的婴儿。在这个阶段，婴儿尚未掌握语言表达能力，但会通过其他方式表达自己的需求和意图。——编者注

有 4 种能力会极大地促进孩子对世界的惊奇：

1. 快速、自动搜集和整合信息的能力。
2. 对因果关系在构建知识体系中所起的独特作用的感知。
3. 根据因果关系区分事物所属领域的能力。
4. 感知集群如何以系统的和可预测的方式相互作用的能力。

总的来说，这些能力支撑了一个循环活动的运行，使孩子们能够思考问题，对可能的替代方案提出猜测，并在解决困惑之前进行反事实推理。上述 4 种能力和其组成的循环加强了孩子的惊奇，使惊奇成为观念变化的推动力，并且没有消耗支撑惊奇的各方面认知。促进惊奇的能力还包括执行能力、同时提出几种不同模型或理论的能力、逻辑和类比推理能力，以及权衡各种可能性的能力，但我认为，上述 4 种能力是在婴儿期出现的促进惊奇的核心能力。

把孩子作为独立学习者来讨论其认知发展，让我们能在第 3 章中思考惊奇是如何超越个体思维、通过汲取他人知识发展的。在第 4 章，我们将讲解从科学领域看，惊奇能发挥的最大作用是对机制模式有特殊理解。

搜集和整合数据

要对世界产生惊奇，至少需要对这个世界的稳定模式有基本的认识。这些模式要高频出现，让孩子在嘈杂和混乱的环境中能注意到它们。科学依赖于对时间和空间中规律性模式的观察和分析。当某些事件反复发生时，比如闪电和打雷会以一定规律出现，我们就会注意到并记住它们之间的关系。科学家追踪相关性、频率和相倚性，并以此来做出预测，支撑其科学解释。每一个成年人都会下意识地追踪相关性和相倚性。[2] 婴儿是令人钦佩的统计学学习者。他们在能够明确地谈论相关性和相倚性之前，就已经注意到并记住其模式了。

1996年的一系列研究证明了婴儿有追踪模式的能力，这具有里程碑意义。[3]这些研究关注婴儿是如何从一长串的口语音节中辨识人造口语单词的。研究者会让婴儿听一串音节，比如"po-ta-to"。当这几个音节反复出现时，婴儿是否能明白这些音节的特殊性和连贯性，并把它们当作一个单词，即"potato"呢？其实，这对婴儿来说易如反掌。6个月大的婴儿在两分钟之内就能够学会新的人造单词（使用人造单词的目的是确保婴儿没有听过这些单词）。在这一系列研究中，婴儿会在长串随机音节中重复听到某些人造单词，比如"bidaku"。在重复过程中，并没有音调、重音和停顿的变化。基于此，婴儿会预判这个单词的3个音节将再次以相同的顺序出现，对新听到的其他音节则没有这样的预判。因为，只有在新听到的音节与重复出现的音节频繁地共同出现时，婴儿才有可能学习新单词。我们可以将这一过程看作婴儿在脑子里记录了相关性和概率的信息。

早期的这种学习被称为统计学习。婴儿展现出了一种认知能力，这种能力帮助其识别重复的语音、音调以及视觉模式。[4]婴儿和成年人识别这些统计规律时，并没有意识到自己正在学习。统计学习可以自发开始，不用刻意努力，也不需设立目标。[5]因此，统计学习可能参与形成内隐态度，[6]即我们无意识中会对他人形成一系列印象，这些印象通常与种族主义、性别歧视和其他反群体印象有关。

婴幼儿能够轻松、自发地学习统计模式，但这并不能代表其他方面的学习也是如此。[7]这种能力是产生惊奇的认知系统的重要部分。我们需要持续更新心理数据库，这个心理数据库里包含我们遇到的反复出现的模式。想知道为什么猫跳跃之前要蹲下，你必须先注意到并记下这个固定模式。人类注意到的远不止这种共现模式。我们用因果关系来解释这些模式，为事件提供新的意义，并进一步了解事件。

理解因果关系

了解世界的一个基本能力是发现因果关系，而非仅仅找到相关性。大学教师会反复跟学生强调，切勿把强相关性误认作因果关系。比如，受教育的年限与身体健康程度之间的正相关性并不能得出受教育越多，身体越健康的结论。这两个参数之间可能有一定的因果关系，可能是互相影响的，也可能共同受其他因素影响，比如收入的高低。[8] 有一个荒谬的虚假因果关系的例子：脚指甲越大，孩子使用的句法越复杂。很明显，没有人认为脚指甲大小会直接影响句法，反之亦然。但是，如果加入与成长发育有关的第三个变量，我们便会认为是这个变量导致了虚假因果关系。伪相关更糟糕，因为它们与任何因果模式都没有关联。当我们核查成千上万的数据集并将其分成数据组后，就能够发现这些伪相关。随着核查这些数据集变得越来越容易，大量伪相关的有趣案例就出现了。人们发现，美国的科研花费与美国人窒息死亡人数之间存在强相关性，缅因州的离婚率与人造黄油的消费量之间存在强相关性，美国拼写比赛获胜者拼写的最难单词的字母数量与美国被毒蜘蛛杀死的人数之间存在强相关性。[9] 当看到这些无法用因果关系来解释的案例时，所有的成年人都赞同相关性显著并不意味着存在因果关系。[10]

婴儿无法明确说出相关性和因果关系之间的差异，但他们的行为表明他们已经具备成年人的辨别能力。想象一下，我们正在观察黑色台球和灰色台球的 3 种运动情况（见图 2–1）。

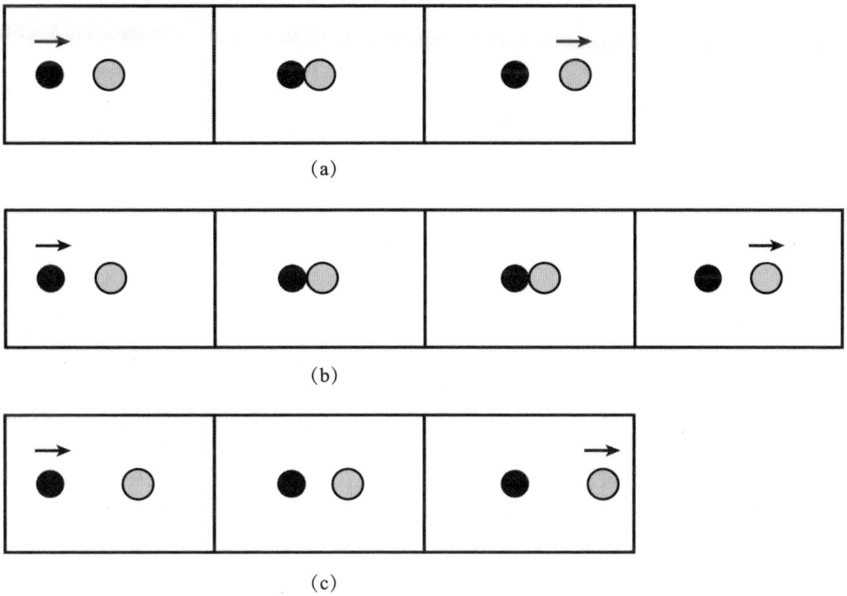

图 2–1　观察因果关系的 3 个案例

在第一种情况中［见图 2–1（a）］，黑色台球朝着灰色台球滚去，在黑色台球碰到灰色台球后，灰色台球也快速滚动起来，黑色台球却慢了下来。通常，我们称这种现象为“启动”，就是说黑色台球“启动”了灰色台球。[11] 相较而言，在第二种情况中［见图 2–1（b）］，灰色台球在滚动前，有 1 秒的停顿。在第三种情况中［见图 2–1（c）］，黑色台球在离灰色台球还有 0.1 米左右的时候突然停下来，而灰色台球在黑色台球停下来后才滚动。在第二和第三种情况中，即使重复多次并展示出一种稳定的相关性，人们也不会认为灰色台球的移动是由黑色台球的移动引起的。通过用视频展示类似设计的对比实验，研究者确认婴儿不会将某些稳定的相关性当作因果关系。

20 世纪 80 年代，心理学家艾伦・莱斯利（Alan Leslie）进行的多个经典实验证明了婴儿像成年人一样，能看出“启动”现象。[12] 后续的研究都有力地支持了这个发现。不过，现在有些研究者仍然在争论辨识因果关系的能力是出生时就具有的，还是在出生后的头几个月习得的。实际上，当代许多学者认为，1 岁前的婴儿就具备辨识因果关系的能力。婴儿对因果关系特别敏感，能够迅速注意到并牢牢地记住它们。

婴儿还能够区分因果关系的类型。比如，成年人将两个物体之间的一些相互作用看作“启动”，而将另外一些相互作用看作“触发”。当第一个物体提供了第二个物体运动所需的全部动力时，是“启动”；当第一个物体激发了第二个物体内部的动力，使第二个物体移动的速度比第一个物体传递给它的速度更快时，就视其为“触发”。我们实验室的研究表明，8 个月大的婴儿也会做同样的区分。[13]“触发”类似于传统的捕鼠器。老鼠只要轻轻触碰一下高度灵敏的捕鼠器，捕鼠器就会释放弹簧中的所有能量，像锤子一样的杆子就会落到倒霉的老鼠身上。

虽然研究者们仍在争论婴儿的因果关系直觉是何时首次出现，又是如何在头脑中呈现的，但是他们一致认为，婴儿在 12 个月大时就对因果关系格外关注。婴儿会注意到并记住因果关系，为注意到因果关系集群、区分不同事物所属领域奠定基础。

区分领域

因果关系通常以一组具有特定特征的关联形式出现，这些关联形式共同构成了一个集群，表现出某种一致性和规律性。比如，相比起两个台球，人与人之间发生因果关系时通常具有一定的距离性。我们对几米之外的人说话，对方可能会迅速后退。再比如，相比起两个台球，人与人之间发生因果关系时通常存在滞后性。我提要求之后，你并不一定会立刻行动，但是球碰球就会产生即时移动。这种滞后性是非常明显的。人的行动不需要靠外力的作用，球却无法自发运动。自发运动需要施动者有内驱力。人的行动具有不规律性，一会儿向左，一会儿向右。在没有干扰的条件下，球的移动路径是可预测的、有规律的。人际互动是偶发行为，而球体的移动不是。无论是谈话、默默地打招呼，还是激烈地追赶，人际互动中都有一种你来我往的节奏。综上所述，多种相互作用的因果关系将人的行动与简单的物体运动区分开来。当然，这种模式不仅适用于人类，还适用于狗、猫以及其他我们不太熟悉的生物。

12 个月大的孩子能够清晰意识到上述这两种截然不同的因果规律。[14] 他们可能无法像 1 岁多的孩子那样整合因果关系，但能够注意到事物之间复杂的相互作用，能够感知到两个截然不同的领域：一个是关于行动主体的，另一个是关于简单物体的。有时，人们将婴儿对这两个领域的感知当成心理直觉和生理直觉机制的最早形式。但是，无论是多么初始的状态，直觉心理学都应该研究对内在精神活动的识别。因此，大量的研究都集中在婴儿是否会推断和预判。

成年人会自然而然地认为，伸手拿东西这一动作是有目的性的，但不是所有目的都会显现在他们脑海中。当你观察到某个人伸手拿一样东西时，你会假设他是想接触那个东西，或要取回那个东西，抑或使用那个东西。你不会认为人们朝着特定的方向去拿一个东西，却对它没有任何兴趣。那么，婴儿也会进行类似的推断吗？1998 年，心理学家阿曼达・伍德沃德（Amanda Woodward）发起了下面这项具有影响力的研究。

这项研究旨在考察婴儿观察到有人伸手拿某个特定东西时，会做出什么推断。比如，有人伸手拿位置 A 的泰迪熊，[15] 并且伸手拿泰迪熊的动作不断重复，直到婴儿对此不再感兴趣。此后，在婴儿面前会出现两种情形：一种情形是有人伸手拿位置 A 的另一样东西——球；另一种情形是有人伸手拿位置 B 的泰迪熊。在这次实验中，婴儿观察伸手拿位置 A 的球的时间比观察伸手拿位置 B 的泰迪熊的时间要长。研究人员将这种现象解释为婴儿的期待落空了，或者说，婴儿感到惊讶。婴儿的惊讶通常不会像大一些的孩子或成年人那样通过面部表情表现出来。

了解完上述泰迪熊和球的一系列实验，现在我们将人手换成木棒。作为成年人，当我们观察到木棒反复朝着位置 A 的泰迪熊伸去，就会预测木棒将继续向位置 A 伸去——即使之前在位置 A 的泰迪熊已经被换成了球，泰迪熊也被摆放在位置 B 了。我们会推断木棒将机械地重复之前的路线，并且不会认为木棒有任何目的性。5 个月大的婴儿也有类似的预判，他们观察木棒伸到摆放在新位置的旧物的时间会更长，他们也认为木棒会重复相同的路线。婴儿认为手的动作是由有目的性的施动者控制的，无论东西在哪里，手伸过去就是想拿到它。

婴儿通过几条线索迅速地判断运动的东西是否有目标导向性。这个东西可能是一只手或者是一张脸谱画，会根据远处的东西的情况做出反应，[16] 或者自发地行动。当一个三角形根据情况做出相应的改变，看起来像是在追逐其他几何图形时，它可能是目标导向的。[17]

WONDER

成年人看到有自发性和目的性的观察对象时，会假设所有行动都是观察对象自发的。我们会把人和动物的行为看作内在活动的外显，但不会对非生命体做出同样的推断。我们的研究团队发起了如下研究来验证这个推断。

WONDER
认知实验

实验对象是 14 个月大的孩子。我们放了一些动画给他们看，动画里的猫要么晃来晃去，要么跳上跳下。[18] 这些猫很特别，它们的皮毛是半透明的，所以能够看到它们身体的内部构造。令人吃惊的是，孩子在看到五脏六腑时并没有不适反应。每只猫的帽子和胃都是同一个颜色，要么是红色，要么是蓝色。然后，我们给他们播放了新动画，在新动画中，猫的帽子和胃的颜色不同。孩子会预判胃的颜色相同的猫具有相同的行为，却忽略了戴有相同颜色帽子的猫行为是否一致。在他们看来，帽子颜色与猫的行为不相关，而胃的颜色与猫的行为相关。我们针对 10 个月大的孩子使用了不同的方法，展示了不同的、能显示内部构造的活物及非生命体，结果显示他们有相同的预判。[19]

WONDER

在理解生命体时，孩子常常重视内在特征，他们会认为某些生物（比如动物）的外表和行为都是由基本的内在特征决定的。这种发展早期的本质主义偏向在某种程度上是有益的，因为它让人们进行分类探索，具有一定的意义。当遇到像动物一样的生物时，我们会预设最重要的是了解它的内在特征。

婴儿能对比非生命体的运动与生命体的心理驱动的不同，但这种对比可能是碎片式的。我们可以就婴儿对植物和液体的理解，举两个例子证明这一点。

婴儿会将植物视作既重要又具有潜在危险的对象。[20] 比起那些形状和颜色像植物但明显是人造的新奇的对照物，他们更不愿意接触新奇的植物。无论是精致的、有柔软叶子的植物，还是浑身长刺的植物，他们都极其不愿意触碰。这表明婴儿认为植物会带来麻烦（比如有刺激性或者有毒）。相比加工食物，他们会特别关注那些大人们直接喂给他们的植物。婴儿认为有必要仔细观察其他人是如何对待植物的。植物可能会带来伤害，也可以变成美味的食物。学龄前或者学龄儿童就会意识到植物与动物之间的共性。

婴儿对液体和固体的形态有明确、具体的预判。所以，他们会预判当玻璃杯倾斜时，液体会保持水平状态，而固体会随着玻璃杯一起倾斜。他们知道液体可以穿过网眼，固体则不一定。他们还能够轻而易举地将自己的推断迁移到对松散材料（比如沙子）的预判上。[21] 如果他们想知道水是如何因温度降低而从液体转变为固体的，他们就需要理解这些对比鲜明的因果关系集群。当他们理解了区分液体与固体的所有因果模式，在首次看到水变成冰时，肯定会觉得很神奇。

领域间的相互作用

我们对广泛领域（比如目标导向的施动者和非生命体）所涉及的因果关系有直觉预判，这使我们能够思考两个或多个领域间可能发生的因果作用。目标导向的施动者和非生命体的相互作用，与两个非生命体间的相互作用有什么差异？关键差异在于目标导向的施动者能在随机性中创造秩序。当你看到无序变为有序时，立刻就会推论出有目标导向的施动者参与其中。

目标导向的施动者与秩序的关联引发了设计论证（argument from design）。在达尔文发布进化论之前，人们都认为在生物世界呈现出的秩序背后，有某个看不见的神明，人类不可能创造出在动植物身上明显为实现某些特定的功能而存在的系统结构。1802 年，牧师威廉·佩利（William Paley）认为一定是强大的神明巧妙地创造了眼睛。[22] 他还觉得，眼睛几乎在大声宣告它是由某个目标导向的施动者创造的，整个创造过程如同制作钟表一般。

并非只有创造出眼睛这样复杂的构造，才能证明有施动者参与创造过程。户外徒步者通常都会在沙滩或山间小径上看到一堆堆的石头，这些石头堆表明有施动者参与其中。石头堆的布局会透露出秩序。比如，4 块石头排成一条直线，或者排成规规矩矩的正方形，或者一摞摞地垒起来，或者根据大小、颜色深浅、光滑度排列，那极有可能是人类施动者摆放的。这些例证中有无数的线索。涉及的石头数量越多，线索可能就越多。这种发现秩序的能力能帮我们探索很多从未见过甚至从未想过的布局。

图 2–2 展现了冰岛的荒野地区，很明显，我们能立刻发现某些地方是人为创造的，而非天然形成。图 2–2 中有一摞摞堆叠起来的石头，有曲折的小路，这些都是人为创造的。像安迪 · 高尔斯沃西（Andy Galsworthy）这样的艺术家就巧妙地利用了自己对秩序的感知力，通过寻找自然之景，再创造某种秩序。这种秩序暗示着目标导向的施动者的存在。秩序显现的方式似乎是无限的，我们会觉得，区分秩序与无序的能力需要一生慢慢发展。但是，直觉的即时性又表明，识别秩序的能力可能是人在很小的时候就具备的。

图 2–2 冰岛荒野地区的石块

注：这幅图的场景是大自然，但是其中展现的某种秩序表明有目标导向的施动者参与其中。这幅图表明秩序一定是目标导向的施动者所为，不可能随机产生。

我们的研究团队做了如下实验，以探究不同年龄段的人对秩序显现的预判。[23]

实验的研究对象是成年人和学龄前儿童。我们给两组研究对象展示了有秩序的场景（比如井然有序的房间），然后再给他们看混乱无序的场景（比如在极其凌乱的房间，玩具和家具随意地散落在各处）。成年人和学龄前儿童普遍认为，从有序变为无序要么是目标导向的施动者所为（比如具有破坏性的、任性的青少年），要么是无目标导向的施动者所为（比如从开着的窗户吹进来的强风）。在调整了展示的顺序后，即先展示无序的场景，再展示有序的场景，两组研究对象都认为这一变化只可能是目标导向的施动者所为。尽管两组研究对象一致同意这一观点，但是没有一个学龄前儿童能够解释为什么目标导向的施动者能够创造秩序，以论证他们确信的观点。实际上，许多成年人也很难讲出具体原因。

鉴于学龄前儿童虽然能做出预判，但是很难论证，我们联想到更小的孩子可能也有这样的预判。我们给 12 个月大的婴幼儿看了两段视频，一段中目标导向的施动者在移动球，另一段中非生命体在移动球。目标导向的施动者的球是自发移动的，而且会改变速度，球上有一些类似面部的特征，似乎在“看”观察者。非生命体的球上没有这些面部特征，出现在镜头中时已经开始匀速移动，而且跟观察者没有任何互动。然后，我们又给婴幼儿看有序的积木，先将无序的部分遮挡起来，再挪开遮挡物，将无序的部分呈现。婴幼儿和成年人认为生命体和非生命体都可能造成积木变乱。但是在调整了展现顺序后，即先展示无序积木，再展示有序积木，婴幼儿会认为有序是生命体所为。

WONDER

其他研究人员使用了不同的方式，也发现了上述实验的施动者和物理秩序之间关系的相似推断。[24] 比如，在一项研究中，9 个月大的孩子会认为，人的手可以将彩色的、随机排序的球按照颜色从容器中挑出来，而机械臂就做不到。[25] 他们认为只有具备人类特性的施动者才能够完成这类事情。

我们不清楚语前期婴儿如何发现了有序和无序的区别，不清楚他们长大后能感知到何种秩序形式，也不清楚他们是如何突然就总结出从无序变为有序需要有目标导向的施动者参与其中。但可想而知，这个能力在发展早期是十分宝贵的，这是语前期婴儿感知附近是否有其他目标导向的施动者（包括动物）的一种方式。我十分期待未来有人能研究明白这一感知力是如何在语前期婴儿脑中形成的。

已有的上百项研究表明，语前期婴儿会思考不同领域间是如何相互作用的。他们不仅会把世界分成被不同规则和因果模式支配的领域（比如社会领域与非社会领域），也会思考这些领域是如何相互作用的。相较于一次仅仅探索一个领域的模式而言，这种领域间的探索是惊奇更复杂的一种模式。

PHED 循环

心理学家伊丽莎白·斯佩尔克（Elizabeth Spelke）将婴儿对物理世界和人类社会中不同的因果关系的理解看作“核心知识”。[26] 核心知识是一种根深蒂固的信念，与物理学、心理学等领域相关，特别是当这些领域间相互作用时，核心知识奠定了发展后期学习的基础。人们普遍认为核心知识在发展早期就已经存在了，初生婴儿已经准备好轻松学到这些领域的核心知识。如果核心知识确实是基础性的，那么当婴儿发现某个方法明显违反了核心知识的原则时，会发生什么呢？如果目睹了违反核心知识的情况，他们的行为又会受到怎样的影响呢？

> 婴儿的经历会通过 PHED 循环——困惑（puzzling）、假设（hypothesizing）、探索（exploring）和发现（discovering）的循环，加速惊奇的发展。这一过程从产生困惑开始，到构成假设，再到激发探索，最后获得发现。新的发现又促使新的困惑产生，开始新的一轮循环。PHED 循环会持续创造更复杂的惊奇形式，同时也刺激婴儿更加渴望新的发现。

困惑是对不合常理的现象做出的反应。心理学家艾梅·斯塔尔（Aimee Stahl）

和莉萨·费根森（Lisa Feigenson）研究了婴儿在面对违反物理学核心原理的现象时，探索活动会如何变化。不合常理的现象包括此类情况：一个物体穿过另一个物体，或是一个物体看似是移动到某一个遮挡物后面，却在另一个遮挡物后面出现，而且没有经过两个遮挡物之间的空间。11 个月大的孩子目睹了这些不合常理的现象后，会进行更全面的探索，并从中学到更多。[27] 这些异常激发了他们的惊奇，之后他们便会进行调查，因为他们想了解为什么这些物体会表现出异常。在这些过程中，他们表现出惊讶、更强烈的兴趣、好奇心以及寻找答案的渴望交织在一起的状态。呈现给孩子们这类异常会令他们全身心投入 PHED 循环中。婴儿更容易记住违反核心知识原则的物体所带来的新信息。很明显，他们认为集中精力观察异常物体的特征是很重要的，因为这能够帮助他们解释奇怪的行为。如果给他们一个违反核心知识原则的物体和另一个可控的物体，婴儿会偏向于检测异常物体。

更微妙的是，物体的表现越令人感到困惑，学龄前儿童便越想要探索。比如，当没告诉学龄前儿童任何信息就给他们一个惊喜盒子（一种玩具，有手柄操纵弹簧装置，打开会弹出一个玩偶）时，会引发他们思考，两个手柄中的哪一个会让玩偶弹出来呢？他们会自发去探索。[28] 并没有人激励孩子去探索，而是他们的内在兴趣使然。孩子们认识到自己存在知识空白，或者说他们不确定是哪个操作导致玩偶弹出来的。于是，他们靠自己寻找答案。即使是一些知识渊博的科学家也很难承认自己存在知识空白，而孩子们在一些简单的任务里，不仅承认自己有知识空白，还想方设法去填补这些知识空白。我们也搞不清楚他们到底是如何理解这些知识空白的。他们是不明白如何操纵玩具，是不清楚玩具的运作原理，还是两者都有？辨析这两者非常重要，辨析的结果可能会成为研究惊奇的关键。

因此，激发孩子好奇心和探索欲的动力至少有两个。**婴儿会对违反核心知识原则的现象感到吃惊并主动探索，而学龄前儿童会开始探索起决定作用的真正原因。**这两个阶段的探索令人印象深刻，却无法充分解释为什么大孩子和成年人会想要对自然界及人造界进行探索。想一想你为什么会阅读《纽约时报》上的一篇有关科学的新文章。有时，可能是因为标题有趣，如《嗓门最大的鸟儿，歌声竟然像在打桩》。其他时候，可能是因为标题包含两种可能性，比如《吃肉有害？不一定！专家通过数据为你分析》。我们通常会因为文章讲述了某个事实而认为它值得阅读，比如《这类真菌会基因突变！对喜欢吃奶酪的人来说就是福音》《海里的塑料并非永远不会消失》《这种痉挛会使你的肠子变长》。我们想深入了解某件事，并不是因为它有多么令人吃惊，或者我们对它有许多想法，而是因为它以一种有趣的方式令我们更清晰地了解世界。

除了解释不寻常现象出现的原因或者在两个事物中做选择，婴儿为了更加了解周围的一切，还会想寻找更多的信息，从而更有效地确定方向、修理东西、预测结果。我们会寻求能够使画面和故事更完整、有助于完成计划的信息。我们还很重视完成闭环，这令我们有机会停下来，在回忆中解码所发生的一切。

想一想有些人（包括小孩子）是多么痴迷于玩拼图，他们一玩就是几小时。玩拼图的过程中不会有什么意外（除非兄弟姐妹恶作剧将最后一块拼图藏了起来）。虽然玩家知道拼好的样子，在玩的时候不会有大吃一惊的时刻，完成拼图这件事却让人感到心满意足。当我们听有趣的故事时，如果没能听到结尾就难免会失望。我们探索新的房子或公园时，通常想清楚地看到它的整体布局，如果不能了解各个部分是如何相连的就会感到沮丧。婴儿和我们一样，也会努力寻求闭环。他们也想辨识盒子里所有的玩具，或者去探索新房子的所有房间。他们同样需要找到所发生的事情之间因果模式的闭环。对闭环的需求能够激发他们的惊奇，尤其是当他们想要填补知识空白时。

婴儿期后的因果推理能力和整合能力

2～5 岁的孩子对因果关系的理解能力会大幅提升，普遍体现在对不同因果信息流的整合上。[29] 当原因和结果频繁地同时出现时，孩子们更擅长推断原因。婴儿还会通过观察共变模式（指一件事的发生通常伴随着另一件事的发生，比如固体落入水中会溅起水花）来拓展自己学习隐藏的因果关系的能力。他们也能通过操作某个设备的部分装置学习。比如，他们会从隐藏的因果关系发生的过程中了解，因与果之间到底是简单的线性因果链，还是一因多果的分支结构。[30] 婴儿多次转动惊喜盒子的手柄后，会发现总会有玩偶弹出来并有音乐声传出。他们很可能会推断出，转动手柄是引发以上两个结果的初始原因。

学龄前儿童在试图弄明白因果关系的时候，已经拥有了反事实推理能力。所以，婴儿可能会意识到，惊喜盒子的手柄要么只会让玩偶弹出来，要么只会播放音乐。传统上判定一个人是否具备反事实推理能力，是看其能否理解和运用类似“如果 X 不发生，Y 就不会发生”的句式，比如“如果承包商没有用劣质材料，桥就不会坍塌”。幼儿要进行这方面的推理还有些困难，但是如果让他们观看动画视频，他们就会表现得好些。为了证明这个结论，我们同好几个实验室共同开展了一个项目。我们给幼儿看了好几个短视频，[31] 在视频中，球要么朝着像球门一样的地方直线移动，要么碰撞类似砖墙的障碍物后弹跳移动。孩子至少要到 5 岁才会在心里模拟不会发生的情况，从而更好地解释会发生的情况。他们并不会将模拟反事实推理的过程说出来。通过最近的一系列研究，我们发现孩子至少要到 4 岁才会自发地进行各种形式的猜想或者初步假设，这些对发展复杂形式的惊奇极其关键。[32]

在正式接受学校教育前，孩子能一边迅速部署一般的因果推理策略，一边整合每个领域的特殊情况。他们意识到，通常心理事件的因果间隔要比物理事件长。比如，听到笑话后大笑所需的时间比用石头打碎玻璃所花的时间更长。他们的因果推断能力变得更强大了，同时对不同领域间因果模式的敏感度也大幅提升。这些领域的划分与学术上学科的划分相似，比如心理学、物理学、生物学和经济学。惊奇增强了孩子们的理解力，也增强了他们对各个领域的认知力，这有助于将广阔领域进行细分，比如将生物学细分成动物学、植物学、微生物学等。

学龄前及之后的生物学思维

当学龄前儿童可以对因果关系进行更复杂的思考时，他们会仔细构建自己对世界的初步理解。他们能够发现不同领域之间的联系，意识到事物之间存在潜在的因果关系。研究生物学思维在孩子成长过程中的发展，能帮助我们理解学龄前和小学低年级的孩子是如何逐渐增强解释世界的能力的。这种能力的增强表明，如果获得了支持，惊奇可以持续终身。

孩子在发展早期会有基于直觉的生物学理解，核心问题是孩子如何意识到动植物都属于生命体这一大类。这听起来可能需要深入洞察到分子层面，包括基因转录、呼吸机制、化学能量的储存和利用等。成年人长期以来一直表现出对生物大类的欣赏，但并没有涉及分子层面的相关知识。他们是通过哪种因果关系的解释来理解生命的？一种常见的解释体系是活力论（vitalism）①。

活力论已经存在好几个世纪，至今仍旧影响着许多成年人的生物学直觉。[33] 活力论通常认为有机生物有一种独特力量或精神。是生命力令生物体能够摄取和储存能量，并利用能量生长、修复和繁殖。生命力还能使动物具有行动能力。活力论是不断演进的。这一学说是对笛卡尔提出的机械论的一种反驳。笛卡尔认为，动物仅仅是比人造物复杂的机器，所有动物的生命载体中没有人类灵魂一样的存在。为了反驳机械论的观点，胚胎学家汉斯·杜里舒（Hans Driesch）等学者试图通过提出生物体本身固有的物质能够令它们进行更微观的有机过程来"复兴"活力论。[34] 但是，最终生物科学没有再把活力论当回事儿。

日本心理学家波多野谊余夫（Giyoo Hatano）和稻垣佳世子（Kayoko Inagaki）经过多年的研究，首次系统论证了学龄前儿童普遍认同活力论。[35] 他们的研究表明，孩子到了 5 岁就知道植物和动物是共有某些特征的生物，比如都能够生长、都对疾病有抵抗力。这些孩子能够从活力论的角度解释植物和动物共有的特征。当要求他们选择某种形式来解释生命（比如，我们为什么需要进食）时，他们会偏向活力论的说法（比如，因为我们的胃需要从食物中摄取生命力）。他们能迅速将这些思考延展到其他的动植物上，但对非生命体却不会产生这些思考。此后，美国等其他国家也进行了这些前沿性的研究。[36] 有一点比较重要——人们认为生长同摄取食物与水之间存在因果关系，这说明，因果思考的延展有助于我们划分生物类别。

生物学思维的整体发展路径仍是一个热门的研究领域。鉴于婴儿能够轻易地比较人类社会和物理世界的异同，心理学家苏珊·凯丽（Susan Carey）提出，婴幼儿无法理解生物类别，他们会将人类及许多其他动物划分到心理施动者，将植物和像

① 生物学理论，认为生命是由一种无法被物质和物理规律完全解释的生命力或生命能量所驱动的。现代生物学的发展和科学研究表明，生命现象可以通过物质和物理的基本原理来解释，如细胞的结构和功能、基因的调控和遗传等。活力论的概念和假设缺乏实证支持，因此在现代科学中不再被广泛接受。——编者注

虫子这些的“低等”动物划分到非生命体类。[37]凯丽认为，孩子在上学后，学习了相关的知识，才会对生物机制有符合逻辑的理解，那时他们才对生物类别有了真正的认识。但是我们和波多野谊余夫、稻垣佳世子的研究小组都认为，孩子可以通过活力论模式认知生物类别。[38]

那么学龄儿童的思维是如何发展的呢？不断有新研究表明，成年人的固有思维并未完全抛弃活力论这种在发展早期形成的因果关系解释体系。[39]我们清楚地意识到，成年人对生物机制有复杂解释体系，其中仍带有活力论色彩。医生宣告病人已经死亡时，可能会用活力论的表达方式来结束对生理衰竭的讨论，如“这个人失去了生命”。

> 一个人的思维中会有好几套观念体系共存，有许多观念甚至相互冲突，这是认知科学中极有趣的话题。并且，即使新旧观念互斥，发展早期的观念体系也并不会阻碍新观念的形成。

学龄儿童对生物领域的因果关系有更强的理解力。像大多数成年人一样，他们对许多细节一无所知。但是，当他们开始对事物如何运作感到好奇时，会排除一些解释。

比如，既是我同事又是我妻子的克里斯蒂·洛克哈特主持的一个项目，展示了孩子对药物的观念是如何变化的。[40]在一组研究中，小学低年级学生认为药物只是被患病的部位吸收了，小学高年级学生则认为药物被身体各部位吸收了。当小学生能够更好地理解消化与血液循环的知识时，他们便开始明白被吸收的物质是如何到达身体各部位的。孩子会持续关注那些有助于理解生物因果关系新机制的细节。有时，观念的变化是循序渐进的，比如理解昆虫有类似血液的液体和像心脏一样的“泵”，这个“泵”将液体运往身体各部位，不需要血管。有时，观念的转变是颠覆性的，比如抛弃了生命力的说法，完全转向生理系统和循环的解释。在这两种变化中，孩子都努力保持着逻辑的连贯和一致。当不一致时，便会激发惊奇。为什么昆虫不需要血管呢？如果成年人给出的解释是因为昆虫身体太小，那么孩子会好奇为什么这会跟身体大小有关。这样的讨论会一直持续进行，直到聊到昆虫的血液为什么不是红色。我对孩子说，因为昆虫不需要血红蛋白这种红色的物质来输送氧气，它们可以通过“皮肤”直接获取氧气。

以上对民间生物学（folk biology）[①] 的概述令我想起与大儿子德里克之间关于树的对话。在他 4 岁时，我明白了他是如何通过连贯的因果模式将植物和动物看作一大类的。他甚至认为植物应该有心脏，为此他努力寻找一种普遍存在的因果解释。虽然他的观点不正确，但是他增长知识的方式很合理，是惊奇促使他这么做的。他可能会通过活力论了解到树液是如何让树木生长、变得茂盛的，并误以为树木应该有心脏。当他继续探索时（他起初把我视为解决问题的资源，之后又从其他资源中获取线索），会更仔细地观察植物，也会重新定义和组织观念体系，而新的观念体系会与成年人更接近。

惊奇会让人类 4 个方面的能力持续增强：

1. 轻松整合数据。
2. 理解因果关系。
3. 评估因果关系集群。
4. 通过 PHED 循环观察到领域间的相互作用。

婴儿自带的最原始的惊奇，促使他们想更深入地了解世界。当孩子们首次踏入校园时，他们的惊奇系统就会开足马力运转，他们会对周围的一切事物有更敏锐的洞察力。我们提炼惊奇这种特征，是为了概括一系列认知活动，并将这些认知活动同驱动力联系起来。透过这一切，我们能够更有效、更深入地了解世界。

学龄前儿童对科学和工程学领域的话题很感兴趣。很明显，他们对学习充满热情，乐在其中。在我的儿女、孙辈还是婴儿时，他们常常会尝试了解遇到的一切。如果可以的话，他们会试图通过操纵物体、干涉其运作机制来更好地理解事物。

---

① 指人们对生物世界的日常理解，包括对生物特性、行为和相互关系的常识性认知。这种认知往往基于传统文化、个体经验或直观感受，而非基于科学理论和严格的实证研究。——编者注

6 个月大的婴儿对财富、地位、名声、权势毫不在意，当他们吃饱穿暖，且有人关心照顾时，会极其热情地探索世界，以期获得更深入的理解，他们愿意去体验、创造惊喜时刻。

当他们带着自己独特的知识库深入施动者所在的世界时，这些令人印象深刻的早期能力会增强。下一章会探讨我们是如何在与他人的互动中增强理解能力的。

第3章

与他人合作：孩子是天生的学习者

许多年前，我观察了我的二儿子迪伦所在日托班的两个保育员几个月后，注意到一种模式。这两个保育员似乎都很热情，深受孩子们的喜爱。当需要解决问题时，孩子们会根据问题的类型去找不同的保育员。如果新玩具坏了或者门卡住了，他们就会去找其中的一个保育员；如果仓鼠看起来生病了，或者一株植物快死了，他们就会去找另一个保育员。孩子们似乎能意识到这两个保育员在专业领域上是互补的，他们利用这些直觉来解决遇到的新问题，特别是在同一大类下（比如生物类）涉及某一分类（比如动植物生病）时该找谁寻求帮助。当然，这些只是我对孩子们行为的偶然观察，发生这些行为的原因可能各不相同。直到近20年后，我们的研究团队才进行了系统实验，证明学龄前儿童确实对专业领域和这些领域的含义有直觉。最为关键的是，通过了解他人的思维，我们增强了自己的理解能力和惊奇感，掌握了更有效的推测、探索和发现的方法。

> 虽然我们能意识到有时自己会向他人学习，但往往会低估自己对他人智慧的依赖程度。我们生活在“个体主义偏见”之下，没有认识到自己有多么依赖知识群体。[1] 对他人贡献的忽略，在孩子身上表现得尤为明显，不仅掩盖了孩子对他人思想的依赖，而且低估了孩子巧妙驾驭知识的能力。

心理学家保罗·哈里斯（Paul Harris）曾说过，我们往往误以为孩子是“顽固的自学者”，在没人帮助的情况下坚决地自学成才。[2] 其实，善于利用其他专家的知识并适时依靠专家是在科学领域取得成功的核心技能。这种技能还开启了新层面的惊奇，因为它点亮了新的谜题，为探索和发现提供了新的机会。最近的几项研究说明了这些善于利用和借鉴专家的知识经验的技能是如何在幼儿期出现的（这些技能可能会被成年人忽视）。[3]

我们发现，孩子只能依赖于他人而非直接经验获得信息，但即便是学龄儿童也会通过书籍和媒体了解信息。因此，孩子在发展早期主要是通过社交传播的信息来学习民间生物学知识，这是他们了解细菌、内脏器官或恐龙的唯一方法。他们在学习使用物品（如电视遥控器）时高度依赖他人的知识，并且经常学习到关于不可见部分（如电池）的重要信息。这种情况十分常见，以至于看起来可能是不值一提的信息收集过程，实际上涉及一系列技能。如果孩子们没有掌握这些技能，他们将很难从他人身上学到知识。

为了有效地向他人学习，孩子们必须做一些事情：

- 选择信息提供者。推断信息提供者能提供哪些可靠信息。
- 对信息的可靠性做出推断。
- 以上推断取决于信息提供者的基本特征（比如他们的知识储备、动机、专业性）以及信息的性质（比如是像长期天气预报这样不可靠的信息，还是像日落预测这样的可靠信息）；了解信息提供者是如何获取信息的，与询问信息提供者相比，自己获取这些信息会有多困难；思考应该向信息提供者询问哪些问题，以及如何与他们进行有效的争论。这些举例的内容虽不是详尽无遗，但展示了孩子要想从周围知识群体中受益所需的一些条件。孩子从中收获的益处能使他们更充分、更清晰地思考自己还能学到哪些知识。

为什么从他人那里学习技能对于培养惊奇来说很重要？因为我们可以通过与他人思想的互动来增强和扩展惊奇。我们可能会想知道为什么黄金如此耐腐蚀。在向一位金属专家了解后，我们知道了黄金属于具有抗腐蚀性的贵金属。接着我们又想知道贵金属有什么共同之处，使它们具有抗腐蚀性。通过专家的讲解，我们会了解到电子能带的概念，以及为什么被电子填充的能带的化学性质会不同。[4] 每一次与他人的互动都能让我们发现一种全新的探索路径。

向他人学习

向他人学习这种形式本身并不是由惊奇直接驱动的。当我们观察周围人的行为来学习时，是通过类似于统计学习的方式，提供一系列新的谜题，激发我们的惊奇。通过这种观察，我们学会了文化习俗和做事方式。[5] 我们可以通过模仿学会各种具体行为，比如攻击行为、走路方式。[6] 我们并不会模仿看到的每一个动作。我们通常不会模仿打喷嚏、摔倒或明显的失败行为。模仿似乎是有选择地学习技能和以符合文化规范的方式行事的一种策略性方法。当我们模仿他人时，有些动作可能看起来不太熟练。

与其他动物不同，人类会忠实地模仿他人的一些毫无意义的行为。我和心理学家德里克·莱昂斯（Derek Lyons）将这一现象称为“过度模仿”。学龄前儿童在观察某人有目的地操纵复杂装置的部件时，就会出现过度模仿。在大多数实验中，实验者的目的是从装置内部取出某些物体。[7] 实验者在取物的过程中执行了一些看似必要的操作，也做了一些看起来无关紧要甚至有些荒谬的动作。比如，他们会移动玩具门的插销，并在远离取物路径的位置轻敲两下杆子。学龄前儿童会模仿这两个动作，而黑猩猩和狗往往只会模仿看上去比较合理的动作。[8] 图 3–1 展示了心理学家维多利亚·霍纳（Victoria Horner）和安德鲁·怀特（Andrew Whiten）使用的“谜题盒子”中与因果相关和不相关的步骤。只有某些动作荒谬到违背了最基本的核心认知原则，比如操纵完全脱离装置的物体，孩子们才会拒绝过度模仿[9]。

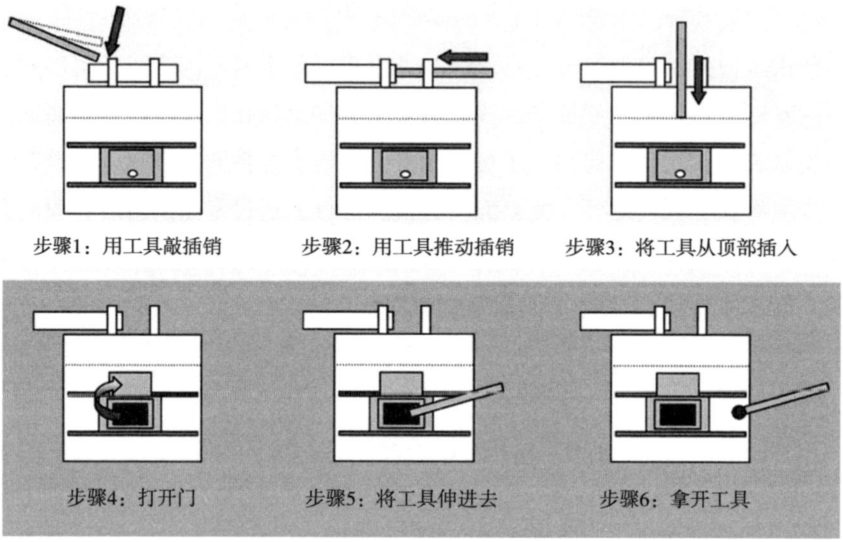

图 3–1 过度模仿实验的“谜题盒子”

注：孩子既会模仿看似与取物无直接因果关系的步骤（步骤 1 ～ 3），又会模仿看似与取物有直接因果关系的步骤（步骤 4 ～ 6）。其他灵长类动物仅会模仿那些看似具有直接因果关系的步骤。

资料来源：V. Horner & A. Whiten. (2005) . Causal knowledge and imitation/emulation switching in chimpanzees（*Pantroglodytes*） and children （*Homo sapiens*）. *Animal Cognition*, 8, 164-181。

为什么黑猩猩和狗的选择比人类儿童更正确呢？答案深刻揭示了关于人类学习的真理：

> 人类会假定他人能够通过行为展示出装置中的特性，甚至是那些与直觉相悖的特性。人类相信他人会高效地操作，他人的行为虽然乍一看可能没有任何意义，但必定包含因果关系。

回想一下，当朋友教你使用复杂的新设备时，你是怎样做的。尽管朋友演示的许多步骤看起来毫无意义，你还是会认为这些步骤很关键，并努力模仿。你通常不会认为朋友做了很多不必要的动作。

人类非常相信他人行为所传递的信息价值。考虑到人类积累了丰富的文化知识，相较于其他物种，这种信念是有道理的。虽然我们可能会赞赏蜜蜂通过舞蹈、鸟儿通过歌声、猴子通过叫声传递信息，但在信息共享的数量和多样性上，没有任何物种能够与人类媲美。人类可能已经发展出一种特殊的系统，用于学习复杂设备中原始的、不可见的因果结构。过度模仿在人类两岁前就出现了。它最初出现的频率很低，在5岁或6岁时出现频率最高。之后，它出现的频率在整个人生中大致维持在同一水平。

除了支持因果关系的学习，孩子的过度模仿还可能是出于社交原因。[10]有时候，孩子通过过度模仿来表明社会归属，比如采纳一种惯例或学习一种仪式。在这些情况下，他们可能知道额外的动作是愚蠢的，但还是选择模仿，因为社会环境暗示这样做可以给他们带来好处。比如某些群体成员在相互问候时的各种礼仪，这些礼仪可能是长时间的握手互动，可能是高度例行化的相互开玩笑。过度模仿在回应本群体成员时比回应外群体成员时更为常见，因为这是一种归属信号。

> 过度模仿是人类特有的一种解码他人复杂行为的方法，它可以实现两个目标。第一个目标是学习如何操作工具、设备等。过度模仿会关注和记忆所有动作序列，并假定每个动作都在操作中起着关键的因果作用。这种过度模仿能促进惊奇的产生。第二个目标是学习如何通过统一的仪式发出信号，让自己融入群体。过度模仿能帮助孩子们解码社交仪式的关键“语言法则”。

我们都认为这两个目标中的某些步骤很重要，但不明白为什么重要。一个目标是否会在发展史和进化史中优先于另一个目标？鉴于多种社会规范的挑战，[11]过度模仿可能先出现在使用工具时学习那些关键但不明显的操作。专业的飞钓手在投掷时会做许多对新手来说毫无意义的小动作。然而，如果不模仿那些动作，新手肯定会在冰冷的河边沮丧地站一天。过度模仿让我们认识到有的因果关系从表面上看并不明显。我们通过一种认知上的信念来获得洞察力，这种信念是指即使不清楚原因，我们也相信某种操作揭示了重要信息。随着时间的推移，我们开始追问，为什么要做一些看起来很傻的事情？那个装置到底有什么特点？调整看似无关紧要的旋钮真的有必要吗？我们在反省自己的操作时，这些问题都会浮现，让我们对操作对象产生新的惊奇——有哪些隐藏的因果关系可以解释某个奇怪的动作对理解某个装置的工作原理至关重要？

通过他人的话语学习

当他人结合话语进行演示时，我们通常会向他们学习。在这类教学情境中，学龄前儿童会做出一些推断。比如，教师教他们如何使用有多个可操作部件的装置。教师先操作其中的几个部件来达到预期的效果，再让他们自己操作。与未接受教学的孩子相比，他们很少会自发探索并发现教师未提及部件的特性。[12] 想象一下，一对夫妻买了一台新型扫地机器人，并向他们的儿子演示如何打开机器上的小门和警示灯的开关，但未向他们的女儿演示。相比他们的女儿，他们的儿子探索扫地机器人其他重要功能的可能性要小得多。他们的女儿后来偶然发现了这台新型扫地机器人，并开始独自探索它的各个部件。可见教学内容过于繁杂，或者没有提供开放式的学习机会，会扼杀而不是激发孩子的惊奇。

何时提问

孩子在学习语言初期就开始提问，而且提问的频率越来越高，提问的类型越来越多样化。孩子在两岁之前的问题通常是询问事实。他们会问一个东西叫什么、在哪里、有什么特性（如“它热吗”）。学龄前儿童每小时能提出 100 多个问题。孩子在 3 岁前，会问出少量寻求解释的问题（如“为什么”和“如何”）。约 30 个月大时，他们问出寻求解释的问题的频率大大增加。此后，学龄前儿童提出的问题中约有 1/3 是在寻求解释，而不仅仅是询问事实。[13]

孩子在提出关于“为什么”和“如何”的问题时到底想知道什么？我们可以从被心理学家塔妮娅·隆布罗佐（Tania Lombrozo）及其同事称为“寻求解释的好奇”

（explanation seeking curiosity，ESC）[14]的成年人动机中找到一些线索。ESC 不仅能获取事实或指导，也是寻求解释的驱动力。尽管问题通常涉及他人，但你可以自己寻求解释，这是一种出奇有效的学习策略。[15]成年人寻求解释的动机（包括惊讶、新奇、歧义和信息空白）在孩子身上也能找到吗？如果我们意识到自身在理解上存在不足，便有必要弥补这一不足。成年人的最终动机是对未来获取有价值信息的预期。该动机关注对解释性观点的深入理解所带来的未来收益，而非强调已经取得的好处。比如，你可能会为了未来的健康而决定了解生活在我们体内的细菌、病毒和其他微生物知识。

逐步培养学龄前儿童识别知识空白及了解未来益处的能力是必要的。人需要意识到自己的无知，了解如何做能弥补无知，以及这样做为什么对未来有益。这些内省能力会在成年后逐渐增强。在极为熟悉的知识领域，连两岁大的孩子也能意识到自己对某个玩具的运作机制不够了解，并且明白如果能够深入了解，就可以开发这个玩具的更多玩法。

总的来说，在两三岁时，孩子提问的频率以及对事物如何运作、为什么具有某些属性或表现的提问占比均大幅增加。有人期盼这能为孩子上学后提出更多问题打下基础。当然，正规教育会介绍新的观点，提出新的谜题，从而激发孩子进行更深入的探索。但事实恰恰相反，小学生提问的频率通常会急剧下降。[16]多数孩子在上学后会被动接受知识，很少质疑，反观学龄前儿童迅速增强的提问技能以及这些技能对惊奇的推动作用，这样的结果令人失望。

学校教育与家庭教育的脱节可能出现在学前教育阶段。约 40 年前，心理学家芭芭拉·蒂泽德（Barbara Tizard）和马丁·休斯（Martin Hughes）在一项的研究中发现，英国学前班的孩子在学校提出的问题远少于在家中提出的问题。这似乎是由于教师迅速承担了提问者的角色，并将回答问题的任务指派给了孩子。[17]在家中，初生婴儿会通过动作探索周围的一切，这是一种非言语的惊奇表现。出生两年后，关于“为什么”“如何”这类问题会伴随着动作一起出现，之后相关问题大量涌现，有时在两小时的对话中，孩子每分钟提的问题甚至超过一个。这些问题大多反映出孩子想要深入了解世界运作方式的真挚愿望，这种愿望与他们同时期的其他行为并无直接关联。蒂泽德和休斯将这些孩子称作“求知者”，求知者通过与父母的对话持续深化自己的理解。研究者把这样的对话称为“智力探索通道”，在这些通道中，孩子通过与父母的一连串互动来理解事物。即便在最好的幼儿园中，教师也很少有时间为每个孩子构建这种以对话为驱动的通道。教师开始垄断提问，这种做法在大多数小学中十分普遍。

想进行有效提问，就需要知道恰当的提问时机以及应该向谁提问。我们在意识到自身知识不足并相信某人能够弥补这些不足时便会提问。惊奇鞭策我们超越对事实的简单求解，引导我们进行高效和富有成果的提问。进行高效的提问是一种策略，能让我们获得更为详尽的解释，无论是孩子还是成年人都能通过这样的提问受益。[18]

孩子们如何认识到自己有询问他人的必要性？他们能否审视自己的知识并发现不足之处？即便是成年人也会有认知错误。对个体认知进行反思的能力被称作“元认知”，即“对认知的认知”或“从知识的运用中回过头来检查知识”。这对学龄前儿童来说是一项特别困难的任务。[19]元认知依赖于认知控制，我们数十年的研究表明，学龄前儿童的元认知能力很弱。学龄前儿童很难判断自己能否记住最近的经历。同样，他们在预估自己的记忆能力时会出现严重误差。他们很难知道自己是如何以及何时学会某件事情的，也很难识别具有认知挑战性的任务。

在一项探究序列记忆能力的研究中，研究人员针对 4 岁的孩子进行了测试，要求他们预估自己能记住多少张描绘日常物品（比如伞）的卡片。在测试过程中，研究人员依次向孩子们展示了数量逐渐增多的卡片组，并指导他们进行预估，当每一组增加的卡片被遮盖后，他们是否仍能记住卡片上画的物品。年龄较大的孩子和成年人在卡片数量超过 5 张时，开始对自身的记忆能力产生怀疑。而 4 岁的孩子则自信地预估，即使卡片数量达到 10 张，他们也能够全部记得。实际上，他们仅能回想起两三张图片。[20]这表明他们高估了自己记忆能力。

研究人员曾向四五岁的孩子传授有关动物的新知识，如老虎的条纹可以为它提供伪装。绝大部分孩子之前对这些知识一无所知，但是，在传授给他们这些知识后，询问他们何时学到这些知识时，他们会说自己一直知道，或自从他们记事起就知道。[21] 成年人可能会因为后见之明偏差（hindsight bias）① 出现类似的错误，孩子则更容易出现这种情况。孩子会表露出对知识本身性质的复杂假设。他们对事物类别的陈述比对个体事物的陈述更容易产生“早就知道”的效应，前者如“狗误食除草剂后会生病”，后者如“昨晚，这只狗误食除草剂后生病了”。这反映了一种预期信念，即关于类别的知识更有可能是常识。[22]

> 如果你认为某类知识有可能被广泛共享，就会认为自己一直知道它。[23] 当你对某类知识一无所知，而你认为它属于常识范畴时，你可能会询问他人。对个体事物则不会产生这种暗示。这些微妙的区别不仅能帮助孩子向他人学习，还能激发他们的惊奇。

对事物类别持有惊奇比对个体事物持有惊奇更有价值，也更能拓展思维。同样，孩子能领会到对事物类别进行抽象思考的价值要高于关注个体事物。

忽视学习支架

在学习中得到的潜移默化的支持就是学习支架。比如，在教孩子铺床时，你可能会按照顺序摆放床上用品，暗示动作的先后。你可能会先将床垫保护垫铺在床垫上，然后，将床单整齐地铺在床垫保护垫上，这种摆放方式暗示了包裹防护。接下来，你可能会放置毯子、枕头。孩子会观察你如何摆放这些物品，并听你说“现在我们需要这个”之类的话。有了这些学习支架，孩子很容易就学会了铺床。孩子会知道自己是依据什么摆放床上用品的吗？当所有的床上用品混在洗衣篮中时，孩子能否顺利完成铺床任务呢？在学习者能够独立操作之前，教学者需要小心翼翼地移除有利于早期学习的支架，就像建筑物将近完工时逐渐移除脚手架一样。我们都低估了自己对这些支架的依赖程度。

孩子是否意识不到学习支架的存在？我们对此进行了深入研究，研究对象是小

---

① 在事件发生后，人们往往会高估自己对该事件发生的预测，认为自己早知道事情会这样发展。这种偏差会导致人们过于自信地认为自己有预测未来的能力，忽视事情发展的复杂性和不确定性。——编者注

学生，他们要使用一种新型工具在蜡笔上刻自己名字的首字母。[24] 在接受精心设计的支架式教学后，孩子们都成功掌握了使用雕刻工具的方法，而没有接受支架式教学的孩子都没能成功学会。大多数孩子都认为，即使没有学习支架，他们也能轻易地学会使用雕刻工具的技巧。只有当一个孩子观察到另一个孩子是如何接受支架式教学时，他才会意识到其重要性。当孩子全身心投入学习设备操作的过程中时，往往会忽视外界提供的学习支架，这种忽视可能对孩子是有益的，可以增强孩子的自我效能感，但也容易让孩子夸大自己实际取得的成就。此外，明确地教授方法会抑制孩子的自发探索，因此，孩子对他人如何教自己一无所知，可能恰恰会促进更多由惊奇激发的探索。

非言语元认知的支持

与对个体知识水平进行直接的口头评估相比，自我认知的测试表现为间接的、非言语的方法更能准确地评估学龄前儿童所掌握的知识。特别是当身处社会环境中，其他人可能是潜在的信息提供者时，这一现象更为明显。以下这个实验的灵感来自另一个猴子记忆食物位置的研究。

WONDER
认知实验

在猴子记忆食物位置的实验范式中，猴子可以选择是否接受测试，结果是它们只在有充分理由怀疑自己记忆力的情况下才会选择不接受测试。[25] 在与这个实验类似的针对幼儿的研究中，[26] 幼儿在观察到玩具被藏在两个盒子中的一个后指出了他们认为玩具所在的位置。当他们指向某个盒子时，该盒子便会被推向他们。如果指得正确，他们就能立即得到玩具；如果指得错误，他们则一无所获，需要等待下一次尝试。他们也可以选择请求看护者告诉他们玩具的位置，这是一个较慢但更可靠的方法。研究者通过改变幼儿在玩具被藏匿后需要等待多长时间才能指出位置或请求看护者的帮助，来操纵他们的记忆难度。随着等待时间的延长，相较于直接指出答案，幼儿寻求帮助的概率增加。他们意识到，随着时间的推移，记忆的可靠性逐渐下降，并清楚地认识到应该在何时依赖他人。研究还发现，幼儿在经历较长时间等待后，记忆力明显下降。

WONDER

孩子明确做出自信的判断，与通过行为间接地表达他们的判断明显不同。当询问孩子他们识别抽象简笔画的能力如何时，其自我评估往往非常不准确。当提供线索帮助他们识别时，能揭示出更深层次的洞察。[27] 两岁半的孩子在表现得较差时，可能会频繁地寻求线索，而 4 岁的孩子在这类情况下会明显不自信。他们可以准确评估自身的能力，因此知道何时需要帮助，但他们无法明确表达出这种洞察。这种元认知洞察似乎会先以自动和隐性的方式出现，随后在同类任务中发展出更为清晰的元认知能力。

在这些研究中，当孩子将元认知能力用来推断何时应该向他人寻求帮助时，他们会表现出更强的元认知能力。

> 在以其他人为重要信息来源的社会情境中（不同于提供学习支架的环境），即使学龄前儿童在内省上有困难，他们也能感知到自身认知的局限。在其他人能够提供答案的环境中，知道何时应该提出问题是一种发展早期的技能，孩子不必深入反思和明确评估自己的能力，只需决定是否应该寻求帮助。这样的社会情境能促进新思考方式的发展。

假设你是一名自认为掌握了各种搜证方法的刑警，当你的老搭档请来一名昆虫学家和一名建筑师加入团队以共同处理一起棘手的案件时，你或许会突然意识到自己知识上的重大缺漏。即使这些专家还未向你透露任何信息，你可能也意识到自己调查手段的巨大不足，并对新的调查方向产生惊奇，这些新的思考方向和见解源于这些人加入你的团队并热切地希望帮助你。

什么是可被学习的

判断是否需要寻求他人帮助的一种方法是，推断知识点是否可被学习。多个领域的研究都揭示了孩子在发展早期能够推理出哪些知识是可被学习的。在我们团队开展的一系列研究中，我们让孩子想象这样的情景：一个小男孩独自在孤岛上生活，他有足够的食物和住所，但身边没有其他人。[28] 接着，我们询问这些孩子，这个小男孩能自学到什么，以及无法自学到什么。我们给他们讲解了能够在孤岛上轻松学会的直接经验，比如“天空是蓝色的”“人在疲倦的时候要睡觉”。他们也了解到不可能自学的信息，比如“细菌可能导致生病”“恒星的温度很高”。即使是年仅5岁的孩子也知道，在孤岛上居住的小男孩能获得哪些直接经验，却对间接获取的信息一无所知。无论孩子对这些间接获得的信息是否熟悉，他们的判断结果都是一样的。

5岁的孩子能够意识到，某些信息可以通过直接经验轻易获得，比如“部分动物在白天保持清醒、在夜间休眠，而其他一些动物则在夜间活动、在白天休息”。他们进一步意识到，虽然一些其他类型的知识可通过直接经验获取，但需付出极大的努力，比如“蚂蚁在寻找食物时会曲折前进，回巢时则沿直线移动”。他们认为，孤岛上的孩子不太可能获取这类难以掌握的知识。他们还判断，比起那些明显需要间接学习的知识，如关于恐龙的知识，孤岛上的孩子获取这类难以掌握的知识的可能性更高。诸如“细菌可能导致生病”“恒星的温度很高”之类的知识则只能通过他人的传授来获得。

鉴于元认知文献中关于以上判断的研究，我们对各个年龄层的孩子都能够轻松区分获得不同类别知识的难易程度感到惊讶。正如我们在关于学习支架的研究中看到的那样，推理他人的知识水平可能比判断自己的知识水平更容易。有一个方面确实发生了变化。年龄小的孩子认为与直接知识相比，孤岛上的孩子获取间接知识的可能性更低，但他们有时会认为，尽管难度极大，某些间接知识仍有获取的可能。他们似乎不太愿意完全排除一个人自主学习细菌知识的可能性。然而，在其他判断任务中，他们将不太可能的事情看作完全不可能发生的事情。[29] 这就是说，在发展早期对获得某些类别知识的可能性的判断，会将不可能转换为不太可能，而对事件可能性的判断，则是将不太可能转变为不可能。

孩子还知道哪些事物过于复杂而无法靠自学来了解。我们的研究团队探讨了孩子对事物复杂性的直觉与他们对寻求帮助才能学习这些事物的直觉是如何联系起来的。[30] 到 7 岁时，无论是非常简单的事物（如锤子），还是非常复杂的事物（如喷气式飞机），孩子对其机制复杂性的直觉基本上与成年人一致。他们用这些直觉来指导自己判断是否需要通过专家的帮助来了解其工作原理。值得注意的是，孩子对事物的机制细节一无所知，只是对其背后的因果复杂性有总体直觉。对事物复杂性的直觉还引发了奇思妙想。如果我们感觉到某一类事物是通过复杂的内部因果过程来运作的，而这些过程又是某些专家所了解的，那么我们就会猜想这些过程可能是怎样的，以及如何向这些专家提问。

幼儿的自我评估并不准确。他们常常设想自己将获得高水平的知识。比如，当预测自己或同龄人在成年后的学业水平时，他们认为自己会拥有非常全面的知识，而年龄较大的孩子和成年人在评估自己能了解到多少知识时则表现得更为谨慎。[31]

幼儿认为自己的知识增长速度将超过同龄人，并且认为获得道德方面的知识（比如，认识到某个行为是错误的）尤为容易。这种对未来知识水平的乐观预期反映出幼儿身上普遍具有的过度乐观的态度。克里斯蒂提出，早期的乐观态度对幼儿是有价值的，有助于减少他们在经历失败后产生的挫败感，这些失败会被他们迅速抛在身后。[32] 与年龄较大的孩子和成年人相比，这种心态会促使幼儿更为大胆和果断地探索未知领域。

向谁学习

在关于“信任与证词”的大量文献中，[33] 大部分源自心理学家哈里斯及其团队的研究。这些文献描绘了学龄前儿童如何审慎地判断他人言论。他们的判断依据有信息提供者的证词，信息提供者过去的错误率、自信程度、相关经验，甚至和蔼程度。其他信息提供者与该信息提供者的一致性可能是一个特别有力且持久的线索。[34]

通过运用这些策略，学龄前儿童会选择那些看起来可信的信息源。选择信息源的技能可以帮助你更加娴熟地将信息融入自己对世界运作的思考之中。如果你可以轻松接触到既掌握相关内容又真心给予你帮助的人，你对表面现象背后的真实情况的理解能力将显著提升。

成年人经常误以为孩子极容易受骗，其实孩子对听到的信息并不会无选择地接受。全知概念在孩子的认知中出现得相当晚。即便是被告知某个人“对一切了如指掌”，7 岁以下的孩子还是会对此人的知识范围设定限制。学龄前儿童会判断，专家在其专业领域内拥有的知识远比所谓的全知者更为专业。[35] 专家在自己擅长的领域所拥有的知识是如此具有说服力，以至于能颠覆全知的逻辑真实性，甚至可以推翻简单的事实陈述。我们的研究发现，即使是 4 岁孩子也能辨别真实但不相关的答案不如真实且切题的答案。[36] 他们认识到，在某些情况下，即便某人陈述了事实，也不能因此就认定这个人是专家。

虽然幼儿能够有选择地信任信息源，但他们对错误信息的审慎程度并不如其他年龄段的人。心理学家坎迪斯·米尔斯（Candice Mills）观察到，在 5～8 岁的孩子中，审慎性程度出现了显著的变化。年龄较小的孩子认为，如果有人说自己赢得了比赛，那么他就是获得了大奖。年龄稍大的孩子和成年人则会怀疑，说自己赢了比赛的人可能是故意或在不经意间发表了对自己有利的言论。[37] 幼儿常常对他人言论表现出一种纯真理想主义的态度，他们并非天生的愤世嫉俗者。对于评判中隐含的偏见，他们同样难以察觉。他们没有认识到动机可能引导评判者歪曲评价。幼儿固然能够辨别出负面和正面情绪，但他们通常不会因此对他人持有不信任的态度。[38] 将动机与对真相的评估相关联对他们来说颇具挑战性。

在孩子对夸耀行为的看法随发展阶段而变化的研究中，可以观察到与上述相似的情况。克里斯蒂主持的一个研究项目表明，相较于年龄较大的孩子和成年人，年龄较小的孩子对夸耀行为有更为宽容的解读。

7 岁及以下的孩子并不会对喜欢夸耀的人持有负面评价，反而将夸耀看作一种积极的社交行为，认为夸耀者是在分享有关自身技能的有效信息。这突出反映了年龄较小的孩子将言外之意与信息内容相关联的能力存在缺陷。[39] 孩子在年幼时采取这种善意的态度可能并没有那么危险，因为他们早年通常在父母和其他善意者身边。长大后，他们会遇到怀有恶意的陌生人或同伴。越来越多的猜疑和不信任会随着孩子的成长而产生，并抑制他们的惊奇与探索欲。

我们通常会根据对所讨论话题的直觉，来评估自己对信息提供者的需求。学龄前儿童能够将自己对世界规律的感知与某人的陈述质量相关联。[40] 他们在评估一个说法是否真实时会考虑到物理上的合理性及可能性。比如，在判断一个故事中的主角是幻想人物还是真实人物时，他们会评估主角的行为是否具有可行性。[41] 如果一位教师展示了一个玩具，但只说了幼儿都知道的玩法，他们可能就会认为这位教师不太可信。[42]

当某些主张与孩子对自然界的已有认知发生冲突时，他们提出疑问的程度会受到文化背景的影响。那些在深受宗教影响的文化环境中成长的孩子，更容易接受违背直观经验的说法，如相信会出现奇迹。[43] 他们将物理世界（包含生物领域）中的基本因果关系视作强大而可靠的规律，但这些规律仍可能被超自然力量所颠覆。对于超自然力量的这种容忍态度，可能会延续到他们成年，在他们成长过程中，自然和超自然信仰会共存。

评价解释

除了从证词是否符合世界规律的角度进行判断外，孩子还会从内在价值和当前任务信息量的角度进行判断。[44] 其中很重要的一类是解释。**对孩子来说，如果信息提供者的证词的解释质量不高，他在特定领域的可信度就会下降，在其他领域往往也是如此。**学龄前儿童和小学生会注意到与解释质量有关的几个因素：循环性、简洁性和概括性。

上幼儿园的孩子就会意识到，对同一事物进行空洞的循环解释的人，不如对同一事物进行非循环解释的人懂得多。[45] 我们在一系列的研究中，向孩子们讲了以下情况。“下面这两个人认为自己知道开罐器的工作原理。一个人说：‘开罐器之所以能起作用，是因为它能把罐头盖打开，这样你用完开罐器之后，罐头盖就被打开了。’（循环解释）另一个人则说：‘开罐器有一个锋利的轮子可以切开罐头盖，另一个轮子置于罐头盖下方辅助开盖。’（非循环解释）你认为哪个人懂得更多呢？”上幼儿园的孩子会选择进行非循环解释的一方。然而，与年龄较大的孩子相比，他们在这方面的能力还是略显不足。如果没有同一主题下更简短的循环解释的对比，他们的判断就会遇到困难。相对简短的、明显无用的循环解释反而能让幼儿判断较长循环解释中存在的逻辑问题。但当被要求解释自己的判断时，他们并没有提及解释的长度或复杂性，而是集中在非循环解释提供了更多有用信息上。[46] 后续的研究表明，3 岁的孩子对循环解释的不足已经有了敏感性，甚至在某种情况下，两岁的孩子也展现出了这种敏感性。[47] 在许多情况下，将学习任务嵌入社交情境中，能够让孩子更早展现出元认知能力。

孩子似乎偏好简单的解释。比如，4 岁的孩子倾向于将多种结果归于单一的共同原因，而非两个独立的原因。即便他们知道多原因情况同样存在，也仍旧保有这种偏好。[48] 相较之下，如果成年人认为复杂的解释更适合观察到的模式，可能会倾向于更为复杂的解释。[49] 孩子可能对简单有一种本能的偏好。

孩子在 5 岁左右开始出现对泛化说的偏爱。基于泛化的解释具有较强的说服力并能提供更深刻的洞察，有一项研究将“泛化说者”（generic speakers）与“具体说者”（specific speakers）进行了对比。泛化说者会对某类动物做出陈述（比如，“穿山甲在空心树中睡觉”），而具体说者会对个别动物做出陈述（比如，“这只穿山甲在空心树中睡觉”）。[50] 到了 7 岁，孩子更容易认为泛化说者不仅对谈论到的动物有丰富的了解，对其他动物及其特性也十分了解。5 岁的孩子会表现出对泛化说的偏好，但只有当陈述的内容显而易见时才会有这种偏好，如“穿山甲有尖而突起的鼻子”。因此，在正式教育开始之前，孩子对泛化说的价值已有初步感知，并在接下来的两年内加深了解。学龄儿童认为，泛化说者比具体说者具有更丰富的知识量，并且是更好的信息来源。

从更广泛的角度讲，孩子会认可具有普遍性的解释，就像他们在提问时一样。研究发现，5 岁的孩子会对生物学现象表现出泛化偏好（比如，“所有动物都拥有能够伸缩的肌肉”），对物理学现象的泛化偏好直到大约 7 岁时才显现（比如，“所有阻挡光线通过的物体都会产生影子”）。[51] 产生这种差异可能是因为孩子对生物学普遍规律的理解比对物理学普遍规律的理解发展早一些。其他的预设也可能进一步指导孩子的直觉判断。因此，适用于更多实例的表述将更具价值，但不能过于泛化。比如，“穿山甲是动物”这样的表述并没有比“这只穿山甲是动物”提供更多的信息。陈述的内容必须提供实用的信息。

概括来说，大多数学龄儿童都能根据信息提供者的解释和陈述的内在质量进行评估。他们还能根据信息提供者的陈述与已知现实世界模式的吻合程度来评估，因此，在判断应该相信谁时，他们拥有多种多样的依据。虽然他们高估了自己的学习能力，但他们认识到有选择地依赖他人是有必要的。随着成长，他们在评估信息提供者时将变得更具洞察力，[52] 即便是婴幼儿也能感知到某些人（比如父母）可能是比其他人更可靠的学习帮手。[53] 这种早期的能力可以让他们意识到，惊奇在哪些情况下会得到支持并发挥作用。所有这些构成了人类活动最深刻的产物：文化及包含在文化之中的认知劳动分工。

如果孩子缺乏对他人专业知识的认知，他们就无法充分受益于他人所掌握的知识。比如，他们对化学一无所知，但如果能够识别该领域的专家，他们将获得巨大的益处。在孩子上学之前，是否有方法能让他们识别专家呢？为了更深入地理解这一现象，以及这样的能力是如何长期默默地支持我们的，我们需要退后一步，探讨在社会中进行劳动分工的原因和形式。

认知劳动分工

古典经济学通常被认为起源于经济学家和道德哲学家亚当·斯密在 1776 年发表的《国富论》。[54] 亚当·斯密认为，一个国家的财富与劳动分工的细化紧密相关，正是分工促进了经济增长。社会成员日益专业化，他们在各自的专业领域取得了更高的造诣，变得更加专业，并通过生产更高质量的产品和提供更周到的服务来增加其劳动价值。

在当代社会，人们从不太富裕的地区移居到较富裕的地区后，很容易体验到这种持续发展的专业化。我家从纽约州伊萨卡附近的小镇搬到了康涅狄格州纽黑文附近较大的城镇后，我们对家居装修行业显著提升的专业化水平感到震惊。在纽约州北部小镇，通常是一个人担任“监工”，同时负责从地基浇筑到刷油漆等各方面的工作，偶尔也会有帮手，如开挖掘机的司机或安装石膏板的助手。当我们在康涅狄格州装修时，承包商本人并未直接参与任何项目的工作，而是雇了 30 多位不同领域的专业人员。仅安装窗户这一项工作，就分为多个阶段由不同的团队完成：第一组负责制作窗户框架，第二组在框内安装窗户，第三组围绕窗户安装石膏板，第四组进行石膏板接缝处理，第五组将石膏板上色，第六组安装窗边装饰线条，第七组对装饰线条进行着色和上清漆处理。这样一来，曾经由一人承担的任务现在由多名专业人员来完成。

亚当·斯密的经济学理论背后隐含一个前提，即体力劳动分工往往与认知劳动分工相吻合。哲学家菲利普·基切尔（Philip Kitcher）在 1990 年发表的一篇论文中首次使用了“认知劳动分工”这一术语，该文探索了科学领域中脑力劳动是如何分工的。[55] 十几年前，另一位哲学家希拉里·帕特南（Hilary Putnam）研究了语言分工问题，以及许多术语是如何被专家定义的。[56] 对于大众而言，像“水”“金”“虎”这样的概念的含义取决于那些能够让我们知道“金”指代的是真金而不是黄铁矿的专家们。先进的文化由大量不同领域的专家群体组成，他们存在于紧密联系的网络中。

体力与认知劳动的分工并不局限于现代的高科技文化中，它们实际上是所有文化固有的一部分。即使是在早期人类社会的狩猎采集者中，也存在精通某个技能的个体。劳动分工经常围绕性别展开，但在同性别中同样存在差别，有些人在治疗领域更为专业，有些人精通狩猎，还有些人擅长觅食。不同的技能暗示着不同形式的认知专长。在现代社会中，这种分工更为详尽，并具有更深层次的意义。40 年前的普通眼科医生如今在富裕阶层已比较少见，取而代之的是视网膜病变、白内障、角膜损伤、泪道疾病及近视手术等细分领域的专业眼科医生。

> 如果说认知劳动分工几千年来一直是社会群体的重要组成部分，那么，找到并利用这些拥有不同知识和专长的群体可能是一种特别有价值的认知能力，它能开启通往广阔惊奇世界的大门。我们经常会向拥有更多专业知识的人请教，无论是保健医生、汽车机械师还是河流引航员。我们在日常生活中总是表现出这种依赖性，但这种认知能力直到近年才成为研究焦点。这种认知能力也是现代科学发展的核心所在。

事实上，所有科学家在开展研究时，都深度依赖于其他人的专业知识。研究细胞运动的生物学家必须知道当使用电子显微镜、模拟膜的物理强度或是揭示基因调控途径时，应当信赖哪些专家。这种利用和借鉴专家的知识经验的技能对科学家至关重要，早在学龄前儿童和小学低年级学生身上已有显现，且这些早期能力往往在非意识层面发挥作用。另外，任何年龄段的教学目标中都没有这些技能。即使学校没有教授，大学生也能判断一个专家的专业领域与某一科学主题是否相关，他们通过对学科的内隐理解来成功地做出这种判断。[57] 这种能力在成年人中的隐性特点表明它起源更早。在接受正式教育之前，这种能力的哪些要素已经存在于孩子身上？

孩子不仅能洞察到群体中的哪些人在特定领域具有更高水平的专业性，还能运用巧妙而复杂的策略来支持自己的判断。在一系列研究中，我们对学龄前儿童说："安妮对鹰的一切都了如指掌，包括鹰的食物种类、繁殖数量、体形。贝蒂对自行车有全面了解，如材质、维修方法及刹车机制。"随后，我们询问他们，这两个人还可能通晓哪些主题。年仅 3 岁的孩子就能推断，安妮不仅对其他鸟类（比如鸭子）有深入的了解，还对所有动物乃至植物十分了解；贝蒂不仅对三轮车和汽车有深入了解，还非常了解门锁机制。[58] 这证实了本章开头所述的日托班里发生的情况。

接着，我们调查了利用和借鉴专家的知识经验的技能在小学阶段及成年期的发展。[59] 即便是上幼儿园的孩子也能大致将各种专业知识归类为类似于现代大学中的自然科学系和社会科学系。比如，在孩子们看来，那些了解船为什么要停靠很长时间的人更可能知道为什么篮球在人行道上的弹跳性比在草地上强（物理学），而不是知道为什么冰激凌在夏天比冬天卖得贵（经济学）。由于孩子从未听说过这些领域类别，那么他们是如何成功归类的呢？我们发现，即使是年龄很小的孩子也不是简单地观察熟悉的事物，然后找出与其他事物在表面上的相似之处。他们认为那些掌握了某个领域专业知识的人也掌握了一些更深层次的因果模式（比如，非生命体是如何运动和相互作用的）。这种洞察力使他们能够看到表面之下的现象，如关于船和篮球的物理现象是如何遵循同一个深层因果规律而产生的（见图 3–2）。

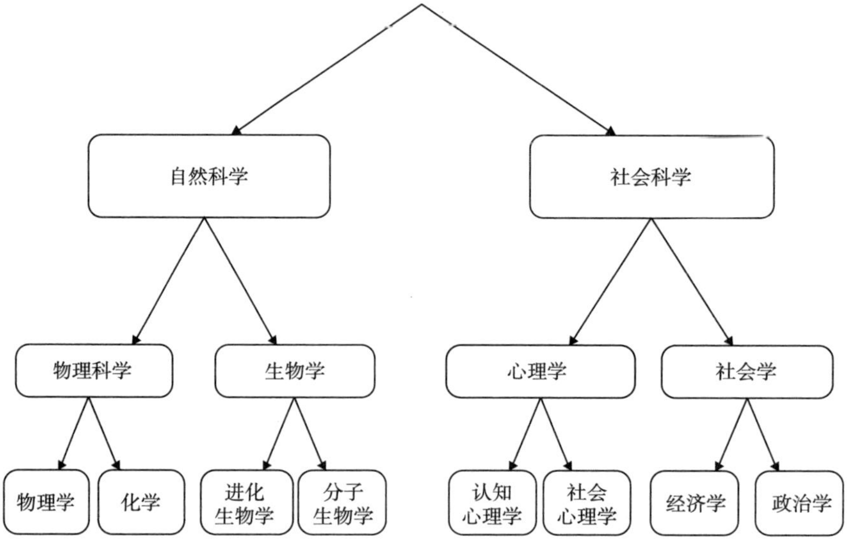

图 3–2　认知劳动分工

注：即使尚未了解现代大学中典型的院系与学术分支体系，年仅 5 岁的孩子也能推导出自然科学与社会科学之间的知识重叠，这种知识重叠表现为某一层次结构中任何两个领域之间的联系。因此，如果一个人对物理学（这里仅限于力学）中的一种现象十分了解，那么他对另一种物理现象的了解就会比其他学科的人更多——即使这两种物理现象看起来非常不同。此外，人们认为，与经济学专家相比，物理学专家对化学现象更了解。人文科学的分工并不归入相同的层次结构之中，因为它们通常并不是依据潜在的因果模式来进行组织的。

资料来源：F. C. Keil, C., Stein, L. Webb, V. D. Billings, & L. Rozenblit. (2008).Discerning the division of cognitive labor. An emerging understanding of how knowledge is clustered in other minds. *Cognitive Science*, 32, 259-300。

随着早期教育的深入，孩子会逐步磨炼这些技能，专注于探寻更深层次和更复杂的因果模式。他们对专业领域的理解也可能从以目标为导向的类别（比如钓鱼）

转变为以学科为核心的类别（比如生物学）。[60] 他们最开始关注的是围绕解决关键问题的实践技能所构建的专业知识，如寻找食物或治愈疾病。随着时间的推移，他们逐渐意识到许多以目标为导向的实践可能依赖于某一学科内共通的一系列因果模式，比如生物学的规则。他们也学会了通过互联网获取“专业知识”。如今，孩子们经常看到父母向放在书架上的语音智能音箱提出问题，然后听到语音智能音箱迅速回答。获取这种数字信息需要一套全新的技能，以了解如何评估由此获得的知识。[61]

自学前教育起，孩子便知道知识类别的划分与世间各种因果模式相关联。孩子意识到，当有人掌握了某一现象或事物背后的深层因果模式时，这个人便能对其他众多受同一因果模式主宰的现象或事物有更深刻的洞察。可以说，现代大学的自然科学系和社会科学系就是这样发展起来的。人文科学可能有着不同的发展路径，因为它们很少会围绕如何解释专业知识探究表面之下的因果模式。一项又一项研究揭示出自然科学中，人们即使没有经过专门的教学，也能感知到复杂的认知劳动分工，研究还发现了人们对机制性解释的偏好，即将系统分解为由一系列可靠的因果模式相关联的结构。机制性思维模式可能是理解及参与科学研究的关键因素。

> **当我们能够理解和利用认知劳动分工时，无论这种技能在早期多么基础，我们的惊奇感知深度和广度都将大幅拓展。理解和利用认知劳动分工的作用远远超过了知道何时信任他人证词所带来的增益。**

它涉及对相关联的知识共同体的结构和价值的理解。它揭示了知识群体的层级结构以及它们如何依赖不同的因果模式。因此，在尝试弄清楚是什么导致某种现象时，我们能够更深入地思考不同的可能性。初次体会这种深度探索时，会有一种豁然开朗的感觉。你可以想象一位新生首次踏入大学的情景。假设这位学生在偏远地区长大，由父母在家进行教育。父母教他阅读，他家仅有的几本书是多年前游客留下的地方观鸟指南。他阅读和写作的内容纵然只涉及鸟类，也为他赢得了进入一所知名大学的机会。现在，他来到校园，除了知道这所大学享有盛誉外，对大学的其他方面一无所知，并且他误以为所有的学习内容都与鸟类相关。

第一天，教师给了他一本课程指南和一张校园地图，鼓励他去探索。在他四处闲逛并提出一些问题后，他迅速地了解到认知劳动分工是如何转化为各个院系，乃至院系内的不同研究领域的。他先找到了专注于研究鸟类进化的团队随后又发现在其他几个院系中也有相关团队，他们研究鸟类飞行的物理学、鸟类的社会互动、鸟类的生理学、某些鸟类对人类健康的威胁，以及如何借助鸟类探测环境。一个接一个鸟类研究的新世界在他面前出现，他发现自己在这些启发下开始提出新的问题。他认为学校里有更多的鸟类方面的专家。他发现自己持续处于惊奇的状态，这种状态很快就扩展到了其他课题上。多年前，我有幸认识这样一个学生，他基本上与其他的学习领域隔绝了。看着他沉浸在探索和发现的乐趣中，我感到非常满足。现在，想象一下，我们年幼时，意识到周围的认知劳动分工后，也有类似的启示性体验。

惊奇还通过群体成员之间的互动交流进一步深化。当群体中产生惊奇时，每个成员都会通过互动来开拓思维。假设我想知道如何操控降落伞，小组中的成员会推测这是通过释放降落伞内的空气来实现的。假设我说下降得太快了，小组各成员会以合作的方式反复讨论，考虑更多的可能性及其局限性。在一个共同渴望找到最佳解释的合作群体中，这种“互动式惊奇”可以带来非凡的发现和进步。但对于许多人来说，这种情况很少发生，这可能是因为人们忽视了正面的积极争论。

如何与持不同意见的人争论

争论常被视作一种人际战争，目标是摧毁和羞辱对方，或者至少是战胜对方。市面上出版了大量关于如何赢得争论的书，比如:《如何争论并在每个场合都获胜：在家中、在职场、在法庭上等地获胜》《正确争论的新艺术：在当今世界赢得争论的 38 种方法》《赢得所有争论的秘籍》。有些书名甚至让人担忧，比如《即使你错了仍能赢得争论》。相较之下，当前并没有一本书的标题有类似于“为了学习而争论”[62] 的意思。

以胜利为目标的争论是人类原始发展阶段的一种行为模式，成年人在承受压力或在时间限制下会退回到这种状态。[63] 诚然，孩子往往将诸多争论视为双方试图获胜的斗争，但这种将争论框定为斗争的做法掩盖了它带来的高效合作的价值。争论也能促进学习。特别是在形式科学领域，研究人员需要为某一特定观点或预测进行争论，同时也要接受反驳，并将这一过程作为获得进一步理解的途径。争论可以是一种说服他人和确认既定信念的工具，也可以是一种互利的学习和发现工具。

争论不幸地获得了一个不应有的负面名声。有数据显示，许多大学生害怕争论，担心这会导致他人疏远自己，伤害彼此间的感情。他们也担忧自己由此产生心理创伤。这种焦虑导致美国校园内出现了“安全空间”①，在安全空间，具有威胁性的争论是被禁止的。[64] 如果这造成了人们对争论的消极看法，那就太不幸了。**争论可以是一种愉快且富有成效的学习方式，通过争论，我们能够加深自己对事物的理解，正如许多孩子自发表现出来的那样。**

争论的最高境界所需的技巧，涉及运用策略支持论证的核心特征。心理学家迪安娜·库恩（Deanna Kuhn）的大量研究表明，中学生以及许多成年人在有效安排最优争论步骤上表现不佳。[65] 比如，当中学生置身于要为自身观点辩护的竞争场合时，他们往往只会支持自己的立场，而不会反驳对手的论点。他们还会忽略给出反驳对手的证据。当有人指出这个问题时，他们能够认识到其重要性，但未能自发地运用正确策略。随着争论的开展，他们必须迅速连续地使用这些策略。这个过程给双方施加了巨大的认知负担，因为他们既要努力追踪新的信息，又要有效地利用这些信息。

在库恩的研究中，争论往往被视为一种努力让自己的观点占上风的竞争过程。争论的关键在于考虑对手立场的所有细节，并攻击对手的推理和证据。这个过程是解释的过程。如果你未能充分考虑支持性证据，就可能会被一个听起来合理但实际上有问题的解释所说服。如果带有选择偏见的解释缺乏证据支持，可能会误导孩子和成年人。[66]

---

① 指在校园中为学生提供的一个可以在心理上感觉安全和包容的环境。学生在安全空间可以自由表达观点和情感，不必担心受到批评或挑战。但也有人认为，安全空间会限制言论自由，阻碍必要的思想交锋。——编者注

在不太全面的策略和系统层面上，孩子会追踪论据并评估其质量。两岁的孩子更相信那些为事物命名提供了更合理解释的成年人。他们会评估其他人所提出的论据的质量。此外，孩子显然能够持有与他人不同的意见，并为自己的立场提供理由，甚至提出反对的观点。到 5 岁时，他们会毫不费力地为遵从或不遵从父母的要求提供理由。即使是两岁的孩子也会在与兄弟姐妹的冲突中说出理由来支持自己的观点。[67]

科学进步源于追求真相而非胜利的合作性争论。你可以想想一个成功的研究小组是如何长期合作的。心理学家凯文·邓巴（Kevin Dunbar）和他的团队花了 10 多年时间观察几个生物实验室的研究小组。他们研究了实验室成员在取得重大发现的过程中是如何互动的。在这些实验室小组中，不同的人通过推理常常得出截然不同的结论。结论的分歧有助于厘清问题的不同方面，进而找出更准确的诠释以及更加合理的解决方案。[68] 小组成员的构成决定了集体推理是否比个体独立推理更具优势。如果所有成员都有相似的背景，而且都针对同一生物研究过同一课题，那么当他们在思考涉及不同生物的新问题时，就可能无法提出关键性见解。当成员间存在不同目标且有竞争关系时，团队相对于个体而言并无优势，这种情况通常还会引发“为了胜利而争论”的行为，以及推卸与转移责任的行为。邓巴认为，挑战者号航天飞机爆炸的悲剧就有这部分原因。

尽管在争论中强调输赢通常会掩盖争论的学习目的，然而在众多研究领域中，这两类争论最终都获得了认可。[69] 如果这两类争论都发生在成年人身上，便会产生若干问题。选择一种争论类型而非另一种是否会导致不同的认知结果？如果是，这些结果是否与科学学习和维持对世界的惊奇相关联？我们能否在不明确指示他人以何种方式争论的情况下，使他人偏向于某一种争论方法？其中一类争论是否在发展上有优势？“为了学习而争论”是不是在发展后期出现，且仅适用于成熟的“开明的精英”？

当我们安排一些成年人进行一对一争论，目标是胜出或是学习时，我们观察到，“为了胜利而争论”的思维模式使他们容易将某个观点视作真理。[70] 在简短的交流中，“为了胜利而争论”的小组成员将对错看得更加明确和客观。“为了学习而争论”的小组成员则更容易认为双方的主张中都存在一定的真实性，他们意识到，一个立场完全正确而另一个立场完全错误的情形是极为罕见的。如果一次简短的交流就能引发如此影响，可以想象，当个性、家庭教育和文化背景引领孩子采取竞争性或合作性的争论方式时，会产生多么不同的效果。

坚定的客观主义的真理观更容易导致教条主义，这种教条主义通常与强烈的部族主义情感相关联。一些对科学上引人瞩目的突破性进展的描述，常常凸显了小组成员之间讨论和争论的合作性。有时候，你确实需要保持竞争性，即“为了胜利而争论”。法律相关的职业就是一个范例。在大部分刑事审判中，控方和辩方都有且应当有明确的目标——为其所代表的利益群体争取胜利。

在孩子的发展早期，是否有一种争论形式占主导地位？“为了胜利而争论”似乎是孩子的最爱，每个人都见过兄弟姐妹激烈地坚持自己是对的。[71] 此外，“为了学习而争论”看似需要对真理有深刻认识以及对评估他人知识水平有深入理解，实际上，孩子是有能力通过争论来学习的。心理学家迈克尔·托马塞洛（Michael Tomasello）及其同事的研究表明，即使是5岁的孩子也能受到“合作”或“竞争”情境的影响，采取截然不同的争论方式。两个孩子需要就如何将动物安置在动物园中达成一致意见，每个孩子拥有动物园的一半。合作情境强调为每种动物找到合适的居住环境并找出最佳方案，而竞争情境则看重在自己的领域内拥有更多动物并且取得胜利。在合作情境下，孩子们为论证提供了更多的理由，并考虑了双方的观点和立场。此外，他们更喜欢与那些愿意合理地放弃自己观点的人合作。[72] 研究人员开始探索在什么样的情境中会发生这两种争论，[73] 研究表明，我们可以逐渐引导学龄前儿童以一种探索的方式进行争论。事实上，在所有条件都相同的情况下，他们可能更喜欢这种互动方式。这可能使他们在从争论中学习方面比许多成年人更有优势。

“为了学习而争论”是一种效力显著的幼儿期互动式探索方法。在这种方法得到鼓励与支持的环境下，群体中能蓬勃发展出更缜密且反复的推测与验证过程，带来的益处远超过单纯的双向论证。它缓解了因部族主义和零和思维而衍生的“为了胜利而争论”的竞争性和破坏性心态。[74] 在多种环境中，“为了学习而争论”可以作为一种令人兴奋且充满回报的方式，大幅度拓展探索的广度与深度。

孩子们在上学前已经掌握了一系列强大的技能，以向他人学习。在大多数情况下，这些有利于深入探索他人思维的技能将增强孩子们的想象力。他们参与到看起来很傻的模仿行为中，最终这些行为被证实是学习操作复杂装置的有效方法。孩子们能够理解公开教学示范蕴含的意义，并以此进行探索。他们很早就能够识别自己知识体系中的空白，并找出最合适的人来填补这些空白。收集社会信息的环境似乎促进了孩子们元认知能力的发展。学龄前儿童能够判断在不同的环境中，哪些类别的知识是可被学习的。他们是这样评估他人证词的：评价证词的质量（比如，论证的循环性与简洁性）、将证词的可信性与世界上的可信模式联系起来，以及利用共识来指导评价。这些能力有助于他们认识周围的认知劳动分工。在今后的许多年里，他们将继续完善对这些分工的理解。

> 无论是科学还是其他信息，都需要通过社交互动的方式来学习，因此孩子展示出的能力并不应被视为个例。我们或许低估了向他人学习的重要性，同时高估了孤立个体学习者的作用。孤狼式的个体神话也常常错误地对标到历史上的许多科学家。更深层次地认识和赞赏孩子拥有的技能，有助于我们保护并培养这些技能，由此为孩子提供广阔、新奇的探索领域。

孩子们会主动寻找和整合分散在社会中的知识，我们需要更好地了解孩子们在这一过程中的目标。他们提问的目的是什么？他们推迟提问的依据是什么？孩子们特别关注因果关系，但他们察觉到的远不止因果关系那么简单。他们似乎在学习因果关系如何形成连贯的机制，而这些机制能够划定专业知识领域的界限。

孩子汲取知识的能力一开始是很差的，并且在不经常运用的情况下很容易逐渐衰退。比如，如果孩子缺乏持续性的人际交往，他们就可能丧失评估信息提供者的能力。同理，如果孩子只经历了“为了胜利而争论”的交流，他们就可能以相同的方式进行争论，错失通过争论来学习的种种益处。

更糟糕的是，孩子们在上学后，从他人那里获取因果解释的社会性收获急剧减少。学龄前儿童在家里和在幼儿园的提问频率有很大差异。一个 4 岁的孩子在幼儿园的提问频率可能不到 1 小时前在家里的 1/10。教师不知为何会发出一种信号，表明自己正在接管提问的职责，而学生应该致力于回答问题。虽然教师偶尔会邀请孩子提问，但在课堂上很少有“智力探索的过程”。“智力探索的过程”是指孩子和教师会进行长时间的互动对话，双方都提出许多问题，逐渐形成一个信息丰富的解释。这个过程在大多数家庭中时常发生，至少会持续到小学。教师会出于各种原因接管提问的职责，比如，与每个孩子进行长时间的对话是一项挑战，学校会安排固定的课程并设定对教师的评估指标，大多数成年人对不同年龄段的孩子可以学习的内容存在误解，等等。

我们需要更深入地了解这些因素是如何扼杀孩子的惊奇的。只有理解了这一点，我们才能设想如何帮助每个人持续享受充满乐趣的探索与发现之旅。我们就是为这种探索而生的，而且在学龄前就做好了精心的准备，却往往因不当引导而偏离道路，陷入了漫无目的、令人沮丧的低迷状态，只想知道简单的事实，与事实背后的因果机制无缘。

我们屡次见证了机制扮演的特殊角色，也就是事物各部分如何在系统中协同工作以稳定地产生效果。机制对我们选择从他人那里学习的内容以及探索世界的意义有巨大影响。接下来，我们将探讨机制到底是什么，以及为什么孩子在探索“为什么”和“如何”时，会看重机制的价值。

第 4 章

机制性思维：孩子是天生的科学家

如果你请一位专业的魔术师在孩子的 3 岁生日派对上表演，魔术师可能会礼貌拒绝，或者改为不用“魔法”的其他表演。成年人的花招和技巧往往无法给孩子留下深刻印象，因为他们不像成年人那样具备成熟的注意力系统。事实上，许多给孩子看的魔术表演之所以成功，主要靠的是滑稽的服装和可爱的动物。在我的小儿子马蒂的记忆中，他第一次接触魔术时并不觉得神奇。那些包装好的道具、特殊的卡片和老套的把戏显然都不是魔法，而是精心设计的骗术。这些骗术很少会让孩子上当，但确实带来了非常有趣的表演。

如果你想表演真正的魔术，假装违反了物理学核心原理，让实物球看起来消失了或穿过了另一个实物，那么孩子确实会感到惊讶。然而，接下来发生的事情虽少人有研究，但更为重要。当表演结束后，如果道具留在桌子上，许多孩子就会立即试图查看魔术盒的里面或后面，想弄清楚魔术的原理。简而言之，他们在寻找一种机制来解释其中的奥秘。

当科学家获得新的见解时，他们通常被描述为发现了现象背后的机制的人。尽管存在这样常见的说法，但“机制”直到近年才成为科学哲学领域的主要议题。虽然科学家经常关注机制，但从哲学立场来看，科学往往围绕着演绎、归纳和提供证据等实践展开。如今，机制被认为是理解科学实际运作方式的核心，尤其是在生物学领域。同时，机制也是理解孩子对周围事物充满好奇心并进行探索的核心。**探索机制可能是孩子通过惊奇提高理解力的最有力方式。**

确定机制性解释的特征

纵观所有学科，机制性解释在生物学中尤为重要。物理学中关于机制的讨论引起的关注较少。[1] 之所以出现这种差异，是因为最具认知吸引力的机制性解释往往是功能和机制的混合体。比如，在阐述细胞有丝分裂的机制时，生物学家将细胞分裂过程分解为功能不同的阶段（如染色体凝缩、纺锤体形成和序列联系等），并用不同的机制性解释揭示每个阶段的工作原理。相比之下，在讲解火山爆发的因果过程时，这种功能性语言的运用并不明显，事情只是按顺序发生，而不是每个功能都有独立的机制性解释的嵌套层次结构。美国地质调查局将火山爆发解释为岩浆通过地壳的薄弱地带喷发到地表，[2] 岩浆上升是因为它比周围的固体岩石更轻。在这个解释中，并未对功能进行明确的阐述或暗示。

从这个角度来说，许多生物系统比非生物系统的自然界更像人造物。对于复杂的人造物，机制性解释往往涉及层次结构，这些层次结构可以进一步分解为相互嵌套的部件集合，以及描述这些部件之间因果关系的过程。比如，对冰箱工作原理的解释可以先从冰箱的整体冷却功能开始，然后将该功能分解为压缩机、温控器、冷凝器和蒸发器线圈等部件之间的相互作用，最后，这些部件还会被进一步分解为更小的部件，以解释它们各自的动作机制。对生物进化系统的解释往往具有类似的结构。[3]

如图 4–1 所示，我们认为典型的机制性解释是按层次结构组织的。[4] 回到冰箱的话题，我们可以看到冰箱的层次结构中存在着一个主导性的过程，这一过程可以用功能术语来讲解。冰箱的主要功能是保鲜食物，紧接着下一个层次是一组可分离的组件，它们形成了一个随着时间推移而展开的因果链。

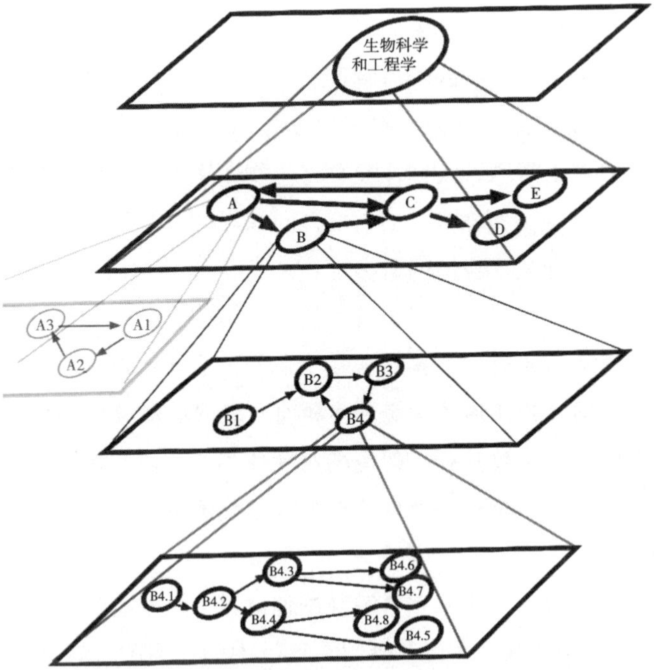

图 4–1　生物科学和工程学中典型的机制层次结构

注：功能是通过机制和子功能来解释的，原则上，这些机制和子功能可以继续向下分解出多个层次。我们可以看到不同类型的因果结构，如循环和分支链。图中显示的是因果成分 B 的分解。A ～ E 有类似的分解，A 的部分分解呈浅灰色。在实践中，各学科的研究人员通常只关注一两个层次。这些层次结构暗示了明确的起点和终点，实际上，循环往往更接近现实。有的图可能会使用一个三维锥体来展示，虽然画得更精准，但不易理解。要掌握一个实体的内在机制，就必须了解这种层次结构及其主要组成部分和层次。

资料来源：C. Craver & J.Tabery, "Mechanisms in Science," in Edward N. Zalta,Ed.,*Stanford Encyclopedia of Philosophy*,Summer 2019 ed。

对于冰箱而言，这个因果链可能从压缩机开始。压缩机的功能是将制冷剂气体压缩到冷凝器线圈中，冷凝器的功能是将气体变成液体并通过线圈散发热量，然后液体被送入膨胀阀，膨胀阀的功能是促使液体重新蒸发成气体，并将其送入蒸发器线圈，蒸发器的功能则是从冰箱内部吸热。再往下的层次结构将压缩机和其他部件分解为具有各自功能的组件。图 4–1 显示了整齐、离散的组件，每个层次的组件间都由简单的因果链连接。实际情况可能更复杂，因为各层次之间存在复杂的相互作用和因果循环。

对于非生物自然界，当科学家们谈论机制时，他们指的是能够揭示现象的潜在因果模式。物理学中关于机制的经典解释通常仅指基于物质之间纯粹的因果相互作用的解释，而不涉及功能。然而，在生物学领域，为了避免使用非物理概念，如生命精神、目标或自由意志，人们往往会将生物体比作精心设计的机械装置。1651年，英国哲学家托马斯·霍布斯（Thomas Hobbes）在其《利维坦》（*Leviathan*）一书的引言中提出了一种关于身体的机械论：[5]

> 生命只是肢体的运动，其起点在于某些主要部位内部。我们为什么不能说，所有自动机械（通过弹簧和齿轮自行运动的装置，如钟表）都具有人造的生命？心脏不就是一个弹簧吗？神经不就是许多细弦吗？关节不就是许多齿轮吗？它们使整个身体运动起来，就像工匠所预期的那样。

同样，笛卡尔也讨论了能够完全解释物理世界（但不能解释灵魂世界）的钟表机制。在科学哲学领域，这些关于机制在科学中的作用的经典观点长期以来基本被忽视了，直到大约20年前，威廉·贝克特尔（William Bechtel）、卡尔·克雷弗（Carl Craver）和其他哲学家提出，机制是成功理解科学的关键，尤其是在生物学领域。[6]从那时起，机制性解释逐渐成为心理学家日益关注的话题。孩子们早期对机制本身感兴趣，而不只是对因果关系感兴趣，这表明在我们寻找解释的过程中，机制可能具有特殊的地位。当孩子们或成年人思考“如果……会怎样”或“这怎么可能”时，他们可能会想到特定类别的机制。当我们试图回答“为什么”和“如何”时，机制可能会自然而然地出现在我们的脑海中。

在这里，我们的关注点是那些包含功能描述的机制，同时也承认那些不涉及功能的其他机制类型。然而，即使是这些解释，也超出了仅关注物理因果关系的范畴。它们通常说的是几个要素间的结构化因果关系，比如那些以层次结构组织起来的因果关系。[7]因此，机制不仅是一系列因果关系的简单罗列。关键的是，新的机械论还表明，机制为我们提供了具有洞察力的理解世界的方式。那么机制的魅力是如何在发展中产生的呢？如果把注意力放在机制上是否会拓展惊奇的深度和广度？

这种因果模式是如何被广泛共享的？

为了解决这些问题，我们进行了 4 组研究：首先，我们询问孩子们是否能感受到机制性解释的特殊认识论价值，或丰富的知识价值；其次，我们询问孩子们是否掌握了机制提供的获取知识的具体方式，这里我们关注的是通用性；再次，基于孩子可以学习的信息类型，我们探讨了孩子们对机制细节的学习兴趣，这种兴趣并非无故产生的，而是基于孩子们意识到通过了解这些细节，他们能够获得某种类型的新知识或信息，这只是基于他们可以学习的信息的简单类型框架；最后，我们探讨了孩子自发学习抽象机制模式的案例，并展示了这些能力如何为教学提供支持。总之，这些研究表明对机制的着迷有助于孩子掌握思考因果模式的方法，从而将好奇心扩展到全新的领域。

机制如何吸引孩子

为什么孩子能够理解机制的特殊优点，并在探索世界时主动寻求它呢？大学教授总是督促学生阐明其模糊表达背后的机制。如果要求学生解释传统的轻便摩托车如何将速度限制在每小时 48 千米以内，一位学应用工程学课程的学生可能会回答说："在轻便摩托车上安装限速器，能确保无论你如何踩油门，轻便摩托车的速度都不会超过每小时 48 千米。"教师会指出，学生只是讲述了限速器的功能，并没有解释限速器的工作原理。教师希望听到的是，当离心式限速器旋转超过一定速度时，它是如何使发动机与传动系统分离的。当你还没有学过相关内容时，忽略机制细节或诉诸功能性的常识是常见的策略。尽管这种错误在大学生中很常见，但孩子们不仅会寻找机制，而且还能理解功能和机制之间的关系。他们甚至能感觉到机制类别在领域中的差异。早在上小学之前，孩子就能领悟到机制性解释的特殊优势以及如何将各种解释组成机制性解释。这种对机制的领悟对于理解惊奇的兴起、衰退以及日后的复苏至关重要。

机制性解释可能很复杂且难以详细记忆。然而，孩子会积极地寻找它们，并了解机制性知识带来的特殊益处。为什么孩子和大多数成年人的回忆中几乎没有机制细节，孩子却对机制如此着迷呢？这个谜题的答案指向一个关键点：将机制提炼为认知上有用的抽象概念，对理解科学现象以及向他人学习至关重要。

思考机制和学习机制

早期对机制的兴趣为惊奇的增长和保持提供了认知基础。孩子喜欢探究异常现象，并表现出对事物发生原因的不懈追求。大约 50 年前，一项研究再现了魔术师在生日派对上的行为。[8] 孩子们看到一个吸引人的玩具被放在一个木盒里。盒子的盖子被短暂地盖上，然后很快又被打开。旧玩具不见了，取而代之的是一个新玩具。据说，12 个月大的孩子会对此感到困惑不解，并开始寻找旧玩具消失的原因。

我清楚地记得这项研究，因为它在我研究生第一年的学习中占据了重要地位。如果孩子们对玩具的消失感到困惑，那么也许他们的困惑度可以衡量玩具的相似性。这是非常天真的猜想。我本科主修生物学，对儿童发展了解甚少，由此可见我的无知。事实证明，衡量困惑度是一件非常困难的事情。再加上找不到合适的方法，我在对十几个 12～18 个月大的孩子进行测试后，就放弃了这项任务。[9] 不过，在初步测试中，我观察到了孩子们对物体消失原因的积极探索。我记得有几个孩子先是目不转睛地盯着盒子，然后很快就爬到盒子的背面（从他们的角度看），想一探究竟。他们敲击盒子，打开盖子往里看，推拉盒子的每一个部分。有一个孩子伸出一只手，手心向外，示意我退后，让他自己去想是什么导致了玩具的替换。

这些孩子基本上都不会说话，他们表现得坚强且有毅力，想要弄清是什么看不见的过程导致了神秘事件的发生。当然，由于他们不会说话，这种解释只能基于对他们行为的推断。几个月后，孩子开始问“为什么”和“如何”，这些问题更直接地揭示了他们对机制的探索。心理学家布兰迪·弗雷泽（Brandy Frazier）、苏珊·格尔曼（Susan Gelman）和亨利·韦尔曼（Henry Wellman）在一项研究中，给四五岁的孩子设计了一些反常情境，以引导他们主动提问。[10] 比如，研究人员可能会把番茄酱倒在冰激凌上，或者可能会展示一只乌龟舒适地躺在鸟窝里，旁边还有两只小鸟。孩子们一旦意识到这些异常现象，就会立刻提出大量的“为什么”和

“如何”的问题，如“为什么乌龟会在鸟窝里？”。尽管偶尔会有令人难忘的例外，但孩子们通常不会为了惹恼父母或延长互动而问“为什么”和“如何”。这些问题是由于他们注意到异常现象并试图为其找到因果解释而提出的。当实验者在回答“为什么”和“如何”时，一般会给出充分的因果理由，但有时也会给出无用的回答（如“人们通常不会把番茄酱倒在冰激凌上”），这时，孩子们就更渴望因果解释了。

如果回答缺乏清晰的因果关系，孩子们通常会重复提问，表明他们没有得到好的答案。他们更容易记住有因果关系的回答，而不是无用的回答。[11] 相关研究证实了他们对了解现象背后因果关系的兴趣很早便存在。[12] 对日常对话中自发言语的研究进一步表明，大多数孩子在快上幼儿园时，关于“为什么”和“如何”的问题会急剧增多。[13] 这就好像孩子们正在兴致勃勃地磨炼探究能力，期待着机制性信息。他们入学后通常不再如此。

这些关于提问的研究并未显示出孩子对机制性解释的特定偏好，而是显示出对因果解释的偏好。一些提问模式高度暗示了孩子对机制的特定兴趣，但并不是确凿的证据。要证明孩子对机制性解释有特定偏好，我们需要进行后续研究。

机制与知识质量

机制性方法[①] 有时意味着关注因果关系而不是只关注简单的相关性、偶然性和其他非因果关系，通常还有更多含义。科学领域的伟大成就可以揭示稳定的因果关系网络。随着研究的深入，这个网络可能变得越来越复杂。有时，研究趋向于简单的理想化。科学研究者认为，伟大的解释不需要为研究现象列出每一种因果影响。在某些情况下，这些影响因素虽然存在，但并不会产生特别的差异。比如，从理论上说，月球引力对我们眨眼的速度有影响，但我们要忽视这种影响。在另一些情况下，这些影响因素最终可能会对系统的因果稳定性产生重大影响，比如牛顿的物理世界中大型物体的量子基础，但也没必要为了解释船桨如何推动划艇而去深入研究

① 此方法是一种科学分析方法，侧重于理解系统内部的工作原理和组成部分之间的因果关系。——编者注

机制结构的各个层次，这就有点过犹不及了。

假设研究深度有合理的边界准则，那么机制性解释是否可被视为高质量的知识？在一系列研究中，我们重点关注了机制性解释的知识承载价值。[14]功能性解释，即仅基于实体或其组成部分的目标和功能的解释，提供了一个替代方案。虽然机制性解释通常包括功能描述，作为系统中各层次组成部分的指南，但其重点在于将所有关键组件连接起来的“发条式”因果顺序。对于奶牛为什么有 4 个胃，一个完美的功能性解释可以是简单陈述：“因为奶牛要用 4 个胃消化草料。”但是，一个像样的机制性解释必须描述 4 个胃以及它们相互的因果作用是如何产生的（这比你想象中要奇怪得多）。心理学家德博拉·凯莱门（Deborah Kelemen）等人的研究表明，孩子会发现功能性解释特别有吸引力。[15]这种吸引力可能主要在于功能性信息具有达成目的的价值，而不在于其真正的解释价值，[16]但无论如何，它都为解释偏好提供了一个替代方案。还有一类解释只关注内在部分而不描述关键因果作用，如“一头牛有 4 个胃，因为它肚子里有 4 个和胃一样的东西”。关注内在与孩子偏爱看不见的本质有关。即使因果描述缺乏机制的连贯性，我们也可以给它附加特征，使它更具吸引力，如“一头牛有 4 个胃，因为胃会引起打嗝、肚子疼，还能发出奇怪的声音和装食物”。为了将这些不同的解释区分开来，我们的研究团队做了以下实验。

WONDER
认知实验

我们邀请了成年人和 5 ~ 11 岁的孩子评估琼斯先生和史密斯先生两个人的知识水平。这两个人分别给出了自己喜欢某种虚构物品的原因（采用虚构物品进行测试是为了确保对特定已知物品的熟悉程度不会影响结果），涉及机制性原因和前文列出的替代形式。以下是两个人的对比。

机制性原因

琼斯先生认为，Seneca 汽车是最值得购买的新能源汽车，原因如下：① Seneca 汽车强劲的发动机可以让你在驾驶时迅速提速；② Seneca 汽车的发动机运行非常平稳，因为它使用的是非常好的机油；③当你驾驶 Seneca 汽车旅行时，汽车的减震弹簧可以防止车在路面上剧烈颠簸；④ Seneca 汽车的锂电池续航能力强。

非机制性原因

史密斯先生也认为 Seneca 汽车是最值得购买的新能源汽车，原因如下：① Seneca 汽车有多种漂亮的颜色可供选择；② Seneca 汽车的外观非常闪亮，因为制造者使用了一种新的、特殊的金属漆来装饰它；③ Seneca 汽车的座椅由柔软的科林斯皮革制成，坐起来非常舒适；④ Seneca 汽车有很多杯架，可以放置饮料。

参与者听完两人的理由后，要对他们了解真实事物的知识水平进行评分。所有年龄段的孩子都认为提供机制性原因的琼斯先生知道得更多。即使是 5 岁的孩子，也认为琼斯先生比史密斯先生拥有更广博的知识。

WONDER

感知机制更广泛的优势——通用案例

孩子认为那些提供机制性原因的人拥有更丰富的知识，但究竟是什么使一个人的知识看起来更广博呢？也许人们认为机制性是广博之人共享的。我们让成年人和 6～11 岁的孩子推断某些知识要素如何暗示其他知识要素。[17] 假设一个人对汽车的工作原理非常了解。那他对卡车了解多少？对直升机、袋鼠呢？假设一个人非常了解狗的各个身体部位。那他对狼了解多少？对牛、蚱蜢、割草机呢？

我们预测，大多数成年人会认为，汽车专家对卡车的了解比一般人多很多，对直升机的了解比一般人略多，而对袋鼠的了解并不比其他人多。同样，研究狗的专家对狼的了解会很多，对牛的了解会超过平均水平，对蚱蜢的了解会略高于平均水平，而对割草机的了解不会超过其他人。现在，将第一种情况与了解汽车或狗的人进行对比。对于了解汽车的人，比如，这个人可能知道第一台汽车发动机是在哪里制造的，或者有多少家不同的公司生产汽车轮胎。同样，对于了解狗的人，比如，动物专家可能知道狗通常需要多长时间才能记住人类的名字，或者有多少比例的狗有垂耳。孩子认为这些人对其他类别知识的了解程度如何？我们的研究团队做了以下实验。

WONDER
认知实验

在实验中，我们告诉孩子们，有几组同卵双胞胎，每组双胞胎都会分别阅读一本关于同类别事物的书。这些类别最初是以最为常见的分类标准展示的，这一标准被称为基本分类水平（例如，钟表），并配有相同的 6 幅实物图进行说明，但两本书中的信息类别截然不同。双胞胎中的一个了解了该类别中的事物的工作原理，另一个则了解了关于该类别事物的相关事实。比如，一个孩子学习了“是什么让钟表的各个零件运转，钟表又是如何能连续工作多年而不停止的”，另一个孩子知道了“钟表最早是在哪里被发明的，以及人类每年要制造多少钟表”。在另一个案例中，双胞胎中的一个了解了“麻雀的胃是如何分解坚硬的种子和昆虫的，以及麻雀的声带是如何通过振动发出声音的”，双胞胎中的另一个则了解到“麻雀寻找食物一般需要多长时间，一天中什么时候麻雀叫得最欢”。我们给孩子描述了同卵双胞胎从书本中学习的情况，以缩小能力和知识上的差异。除了钟表和麻雀，我们还用汽车、智能手机、鲨鱼和老虎等主题进行了测试。

在介绍了每组双胞胎了解的内容后，我们询问其他孩子，对其他分类层次上的目标类别，如上位层次（机器）和一个不相关的基本层次（郁金香），哪位双胞胎了解得更多。我们会这么提问：“这里有一些机器（展示 6 个机器）。你认为谁更了解机器？是了解钟表工作原理的亚当，还是了解钟表相关事实的鲍勃，或者你认为他们的知识水平差不多？”

年仅 6 岁的孩子认为，了解机制的人比了解事实的人更了解上位层次，但并不会对基本层次了解更多。年龄较小的孩子只对人造物（如钟表）表现出这种认知模式。只有年龄较大的孩子和成年人对人造物和动物表现出同样强烈的偏好。这种发展上的差异可能反映出，与动物相比，人造物的机制更加透明，这使人们更容易了解其工作原理。孩子更容易观察到他人修理人造物，而“修理”动物的场景则实属罕见。这种对比大致反映了历史上从纯粹机制性角度理解动物时遇到的困难。因此，在学龄前教育阶段，如果能通过优质的科学教育来帮助学龄前儿童建立起对动物和植物的机制性理解，或许会对他们未来的学习和生活产生积极的影响。

WONDER

机制性知识专注于理解某一类别成员动作机制的核心因果模式。这种模式很少局限于微小的领域。这种对世界属性的关注会驱动人们对普遍规律的直观认识。我们意识到，这种稳定的模式很难通过工程设计或自然选择获得。因此，它们将在某些更大的上位层次中与其他类别广泛共享。相比之下，纯粹的事实性知识缺乏这种跨类别共享的需求。例如，了解长耳狗的发病率并不意味着对其他动物了解得多。机制性知识并不是一系列孤立的事实，而是通过因果关系紧密相连，并形成一个稳定的结构，随着时间的推移而持续存在。对这一系统中的某一事物了如指掌，可能意味着至少对整个系统有一定的了解。在相关研究中，我们看到了这种模式的蛛丝马迹，表明更强大的因果洞察力与机制性知识有关。[18] 当我们思考可能的机制时，我们更倾向于将这些模型扩展到更广泛的同类别事物上，而不仅是停留在满足于某个特定事实，如颜色或大小等事实上。

预测机制性框架的前景

关于“为什么”和“如何”的问题大约在孩子两岁时出现，到 5 岁时，这些问题的数量甚至会增加 10 倍，而且孩子非常喜欢能提供机制性解释的回答。那么，如果只问他们想了解什么，而不详细说明内容，他们的这种偏好还会持续吗？以下是一个针对 5 ～ 10 岁孩子的实验。

在实验中，我们向 5 ～ 10 岁的孩子展示了封面图片相同但背景颜色不同的小册子，以此表明他们看到的是不同的小册子。我们会先用小册子里简短的导语来引导孩子们，这些导语暗示了书中包含的不同类别的信息，但并不提供任何实际内容。对于包含机制性信息的小册子，我们以“维纳斯捕蝇器的工作原理是……”这样的导语开头，而另一本小册子则以承诺提供有趣信息的导语开头，如“关于维纳斯捕蝇器的一些令人惊讶的故事……”。然后，我们问孩子们想读哪本小册子。第一组孩子被告知，他们的目标是尽可能多地学习知识，并挑选最适合学习的小册子。第二组孩子被告知，他们要挑选最有趣的小册子。第三组孩子被告知，他们只需选择最想看的小册子，我们这样设置实验的目的是激发他们的“默认”偏好。

在考虑到学习目标的情况下，各年龄组的大多数孩子更喜欢机制性信息。在考虑到趣味性和“默认”条件下，8 岁以下的孩子对两种信息的偏好大体相同。稍大一些的孩子似乎更喜欢趣味性信息，起初只是在趣味性条件下有这种偏好，一两年后，在“默认”条件下也是如此。到了 10 岁，孩子似乎不再在“默认”条件下寻求机制性信息了。随着年龄的增长，他们对各种事物（捕蝇草、潜水艇、风云、萤火虫或直升机）的内在机制的自发学习欲望也在下降，许多科学教育研究都证实了这一点。

WONDER

为什么机制性信息的吸引力在小学后期会明显下降？也许是年龄稍大的孩子对自己的认知产生了错觉，以为自己什么都知道。也许他们认为“这是如何工作的”包含了更多的技术性和枯燥乏味的信息。也许他们只是对机制性信息产生了反感。然而，当被问到是否希望得到有关动物的更多信息时，即便是 10 岁的孩子也对循环解释并不满意，他们渴望得到更多的信息。与此相反，他们对机制性解释则更能接受。[19] 因此，虽然年龄较大的孩子不再那么主动寻求机制性解释，但与循环解释相比，他们显然更喜欢机制性解释。

感知功能性与机制性解释之间的契合度

孩子认为，了解物体机制的人通常比了解其功能的人懂得更多。但是，他们是否了解如何在教学中将功能性信息和机制性信息最好地结合起来？成年人会先简要介绍功能框架，再详细阐述机制原理。例如，在解释全球定位系统（GPS）的工作原理时，应先对其一般功能进行描述。这有助于引导学习者了解随后的机制性解释。功能性信息有助于指导我们了解相关机制细节。如果一开始就提供机制性信息，可能就很难知道如何安排其他信息的顺序了。

我们刚开始了解机制性解释和功能性解释共同发挥作用的方式。心理学家塔妮娅·隆布罗佐（Tania Lombrozo）是这方面研究最多的学者，她的研究表明，成年人依据功能性解释或机制性解释对事物进行概括的方式是不同的。当以因果说明的方式从机制角度解释一种属性（如生物外表的颜色）时，人们会将一个生物的某些特性类推到具有相同组成部分的另一个生物身上。相反，当从功能角度解释生物的外表颜色时（如花的外表颜色能吸引昆虫传粉），人们会将一个生物的某些特性类推到具有相同功能的另一个生物身上。[20] 功能性解释的认知负担较低，当人们注意力分散或受到其他认知挑战时，可能更容易想到功能性解释。[21] 由于功能性解释可以与许多不同的机制系统兼容（想一想所有空运的机制方式），因此它们需要的细节往往要少得多，而且不用解释导致物体具有某种属性和表现的因果链[22]。

复杂的机制性思维模式，尤其对于生物学和技术而言，总是涉及在多个层面上将功能和机制交织在一起。孩子能对这两种解释模式之间的关系表现出一定的敏感性，他们有可能在学龄期对这种关系进行更深入的阐述。但是，这种情况只有在他们了解了许多关于这两种模式共同发挥作用的例子后才会发生。如图 4–1 所示，功能和机制以非常具体和互为信息的方式相互作用。当孩子们在学龄初期看到这种结构关系的力量后，他们构建解释和推理的能力将得到极大提升，但这种提升只有在他们周围的人接受和运用这些结构时才会发生。

详细机制中的抽象化

为什么孩子在早期会对机制性信息如此感兴趣呢？如果机制性信息的价值在于让他们准确地记住所有细节，那么他们的兴趣应该是短暂的。即使向孩子们详细解释事物的工作原理，他们日后也不会记得多少。既然他们不太可能回忆起机制性信息，那么为什么他们仍然对了解事物的机制性信息感兴趣呢？

机制元数据的复杂性

> 孩子之所以对机制性信息感兴趣，并不是因为他们能够详细回忆细节，而是因为他们能够从错综复杂的机制细节中推断出更多具有重要价值的抽象概括。比如，即使脑海中的细节很快就消失了，他们仍能获得对系统因果复杂性的持久理解。

试想一下，人们在听到捕鼠器和印刷机工作原理时的不同反应。捕鼠器结构简单，只有几个零件，你可以将其设想成一个简单的、很容易理解的系统。相比之下，印刷机的结构则复杂得多，一次性快速详细地解释印刷机的工作原理很快就会让听众不知所云。因果复杂性并不同于视觉复杂性或零件数量的多少。表面装饰可能从视觉上看很复杂，但在因果关系上可能无关紧要。有些设备即使有数以万计的零件，但它们的复杂性可能比其他用较少零件执行相同功能的设备要简单得多，如由数不清的沙子组成的沙漏就比简易的机械钟表要简单。因果复杂性要求我们了解更微妙的因果模式，如结构化因果链和层次结构。此外，它还包括对零件和过程异质性的认识。我们将这些关于因果复杂性的信息称为“机制元数据”。在传统意义上，元数据指数字图像文件中概括图像属性的信息，如内存中的文件大小。同样，对复杂性的判断也是对机制性解释细节进行抽象后得到的信息概括。

孩子对因果复杂性是否有稳定的感知？他们是通过什么信息来推断复杂性的？我们询问了孩子和成年人如何判断装置和生物部位的因果复杂性。[23] 这些装置从手电筒到潜水艇，生物部位从头发到眼睛，不一而足。从 7 岁左右开始，孩子对装置和生物部位的复杂性判断就基本达成了一致。即使是 5 岁的孩子，对复杂性的判断也与年龄较大的孩子和成年人大致相同，尽管他们表现出较大的体验差异。随着孩子在小学阶段共同经验的积累，他们的体验会变得更加相似。重要的是，所有年龄段的孩子都会用他们对复杂性的直觉判断来指导自己何时寻求帮助，在学习或解决问题时，复杂性越高意味着要寻求越多的帮助。尽管如此，所有年龄段的孩子都是在对实际机制一无所知的情况下做出这些判断的。

WONDER

认知实验

对复杂性的直觉会随着学龄的增长而改变。在下面的实验中，我们发现孩子越来越善于利用不同类型的线索来推断设备内在的机制复杂性。

我们先询问孩子们，程序更多样是否意味着内部更复杂。[24] 如果一台采摘机可以采摘水仙花和雏菊，而另一台采摘机可以采摘水仙花和草莓，那么哪台采摘机的内部更复杂？成年人的选择倾向于水仙花和草莓采摘机，并会解释采摘这两种东西的程序是不同的，需要更复杂的内部零件配置才能实现。成年人并不知道这些零件的详细区别，他们只是能感觉到其中一个采摘机在机制上更为复杂。

与此形成鲜明对比的是，4 ～ 5 岁的孩子虽然清楚地知道水仙花和草莓采摘机比水仙花和雏菊采摘机的程序差异更大，但无法对内部因果复杂性做出下一步推断。他们确实能推断出有两种采摘功能的采摘机（如摘草莓和水仙花）比只有一种采摘功能的采摘机（只采摘草莓）结构更复杂，但直到 6 岁他们才开始理解复杂性与功能多样性之间的关系。虽然这种以多样性为线索的能力最早出现在一年级左右，但从未有人明确教授过。这种能力是在没有任何指导的情况下自发产生的，大概是由于孩子在现实世界中遇到了足够多的案例。

WONDER

在其他研究中，我们探讨了孩子如何将内部结构与物体的复杂性联系起来。[25]

到 5 岁时，孩子开始将复杂的内部结构与他们认为复杂的人造物相匹配。这些研究结果与我们的假设相吻合，即执行任务更多的设备有更复杂的内部结构。[26] 起初，孩子判断复杂性的线索可能主要依赖于部件的数量。后来，他们会将部件的异质性和部件之间的连接结构作为判断复杂性的线索。这三个特征只是我们最终与机制复杂性联系起来的所有内部模式的一个子集。同样，这些关系从未明确教授过孩子。他们可以通过直接观察各种机器的内部结构，并将观察结果与机器的使用方式联系起来，从而推断出这些关系。从直接经验中学习肯定会涉及对其他可能相关类别的归纳（比如，以汽车发动机的内部结构类推卡车发动机的内部结构），而间接学习则可以是听他人谈论各种东西的内部结构，以及它们是如何难以修理或组装的。

当孩子了解一个非常复杂的设备后，很快就会忘记许多细节，但会对该设备的整体复杂性形成持久的印象。他们还会将这些复杂性推论转移到其他相似类别的设备上。这种复杂性知识有助于孩子了解何时寻求专家帮助以及需要多少专业知识。复杂性判断只是接触机制后产生的一种元数据。其他有用的抽象概念包括：内部结构是否都以相同的速度运行；各部件是否在同一时间沿同一方向做线性运动或旋转运动；内部结构在执行功能时是否会发生不可逆的变化；设备是否会强化或弱化速度、动力、能量或热量等特征；设备是完全机械化的，还是同时也涉及电气化；系统出现故障的频率；设备工作的精确度，以及是否能根据环境变化进行自我调整。此外，两个或多个特征之间的多重相互作用也至关重要，比如精确度会随着使用次数的增加而提高或降低。

这些例子说明，我们一生中可能学到许多有用的抽象概念。与此相关的问题是，有多少抽象概念是在我们的意识之外，仅通过接触就能学会的？有些形式的抽象概念是否难以明确传授？比如，人们可以形成一个与所遇到的实例完全不同的理想化概念（如一个子组件序列的流程图），或者是一个保留了整体视觉相似性的简略图（如喷气发动机的简化插图）。归根结底，我们想知道孩子和成年人在形成抽象概念时，如何以及为什么排除原始概念中某些类型的信息，而保留其他类型的信息。尽管有些细节很快就会被遗忘，但我们依然想知道有多少细节有助于建立抽象概念。这方面的见解对于理解如何学习阅读地图、如何用桌面比拟（desktop metaphor）的概念设计电脑以及如何绘制内容丰富的图表至关重要。为了提高认知效率，我们必须不断从细节中进行抽象概括。

通过详细机制来学习新的抽象概念

即使某些机制性细节在很大程度上已被遗忘，但它依然为更抽象的表征提供了通道。这一过程通常要经过数周、数月甚至数年日常经验的积累。那么，这种情况会发生在课堂上吗？我们在一所小学做了下面的实验。

WONDER
认知实验

参与实验的学生在科学成绩上远远落后于同龄人。[27] 在大约 15 分钟的时间里，我们用图表向一至四年级的孩子们详细解释了锁和人的心脏是如何工作的。一些学生听到了详细的因果机制性解释，其他学生则听到了同样详细的关于相同部件的非机制性解释，比如它们的颜色和位置（如心脏在身体里或锁在门框中）。

在讲解之前，我们先让所有孩子对心脏和锁的机制复杂性进行评级。在讲解之后，我们提醒他们注意最初对复杂性的判断，并询问他们是想保留最初的答案，还是认为心脏和锁的工作原理比之前想象得更复杂或更简单。

3 周后，我们要求他们回忆机制性细节，并再进行一次复杂性评级。我们还要求他们对一个新奇的物体进行评级，该物体与心脏同属一个较大的人体器官类别，即肾脏。与接收非机制性信息的孩子相比，听了机制性解释且最初将心脏和锁判定为简单级的孩子给出了更高的复杂度评级。

3 周后，这种情况再次出现。学习了机制性信息的孩子对肾脏的复杂度评级也高于学习了非机制性信息的孩子。因此，对复杂性的直觉在得到修正后被推广到了更大的领域（人体器官）。

3 周后，新的复杂性评级持续存在，而对机制细节的记忆却在减退。尽管就因果细节而言，这些讲解远比孩子们在学校里接触到的任何科学材料都要复杂，但他们还是被这些解释深深吸引了。尽管我们从未提及复杂性或相关概念，但他们还是改变了机制复杂性评级。

对心脏和锁的研究揭示了一个问题，即更复杂的机制性信息是否也能促进对抽象概念的学习。在一项研究中，我们使用了四缸内燃机工作原理的动画。这段7分钟的技术视频是为培训发动机技术人员（成年人）而设计的。它展示了数千个不同的因果事件。与成年人版视频相比，儿童版视频唯一的重大改动是简化了配音语言。当我们询问包括许多父母在内的非专业成年人，这段视频对学龄儿童是否有用时，绝大多数人都表示，这段视频完全超出了小学生的理解范围，他们很快就会厌烦。[28]

为了探索复杂性以外的抽象概念，我们重点关注了大多数成年人都不熟悉的3个主题：同步性、分散控制和封闭性。视频中没有明确提到这些概念，但逐步隐晦地揭示了各部分必须同步工作，事件的顺序不是集中编排的，以及气体必须在短暂的时间内被严格控制。我们给5～11岁的孩子单独播放了这段视频，并让他们判断两位所谓的专家中哪一位是真正的汽车发动机专家。真正的专家强调了其中一个主题的重要性，而另一位专家则强调了与之相反的主题，即某些零件在其他零件速度更快时会减速，存在中央控制器，以及气体永远不能完全封闭。

与那些没有接触过机制性信息的孩子相比，即使是年龄最小的接触过机制性信息的孩子，也选择了真正的专家。孩子们非常喜欢观看视频。只有一个孩子厌烦地转过头去，表示缺乏兴趣。许多在场的看护人都对孩子们持续的兴趣和成功的学习感到惊讶。更广泛地说，我们从其他研究中发现，包括资深教师在内的成年人严重低估了孩子学习机制的能力。成年人还严重低估了孩子对机制学习的内在兴趣。[29]

讲解具体的学习目标可能强化也可能抑制孩子通过接触机制细节而形成抽象理解的能力。我们的研究团队做了下面这项关于讲解学习目标的效果的实验。

实验人员将一段关于人类心脏的成年人教学视频剪辑为 4 分钟，并添加了一段面向孩子的旁白。在旁白中，实验人员将孩子的学习目标分为两种：一种是学习心脏的工作原理（机制目标），另一种是学习心脏所有部位的名称（标签目标）。然后，实验人员对孩子发现错误血流示意图的能力，以及根据某些血流问题判断心脏哪个部位破裂的能力进行了评估。6 岁孩子在完成机制目标方面的表现更好。研究人员还发现，他们不仅善于学习有关心脏工作的微妙原理，也善于学习心脏各部位的名称，且更好地掌握机制似乎有助于名称的学习，使这些名称更有意义。[30] 机制性思维模式有助于学习更多的非机制性内容，而标签学习思维模式则会导致明确目标内容的学习效果相对较差。尽管如此，小学的教学和考试往往非常注重学习事物的名称，而不是工作原理。

现在回过头来看，孩子们能从这些复杂的展示中成功学习并不奇怪。在面向孩子的教学材料问世之前，唯一的“课程”是由真实世界的经验组成的，并辅以学习支架和注意力引导。只是学习如何从邻居家回到自己家，就需要通过连续场景中的数百万个细节抽象概括出高效的“心理地图”。同样，孩子似乎也在推断“因果地图”，其中包含物体的复杂性和相关的因果核心模式。我们不必担心，当自动售货机或自动扶梯的盖板被打开时，孩子们会被装置的细节吓到。他们肯定已经找到了从无法追踪完整情况的事件中获取有用信息的方法。这是研究成年人感知和认知的核心主题之一。我们必须找到既能简化世界，又能对复杂状况进行有用概括的方法。由于这种技能很少被明确传授，因此它在发展早期以最原始的形式出现是有意义的。

抽象机制的核心重要性

机制性思维包括一种早熟和自发的倾向，即从具体细节中推断抽象因果模式。因此，接触机制往往会产生一个具有讽刺意味的结果：为了创建抽象概念，细节被遗忘了。在没有明确指导的情况下，细节可能是产生抽象概念的关键，但为了产生有用的抽象因果模式，细节往往会被抛弃。接触细节可以使学习者发现难以用语言表达的模式。这一过程可以让他们从细节中构建解释，而不是简单地记忆被教授的规则或原理。[31] 抽象概念不仅可以用来理解各种新事物，还有助于重新学习旧材料，让重新学习的人聚焦于讲座或阅读中最相关的部分。[32]

关于抽象概念是如何起作用的，因果模式最终是如何在思维中表现出来的，以及它们是如何被运用的，还存在许多难解的问题。这些问题可以被理解为由不同抽象因果模式组成的概念工具包的一部分。这些模式提供了对广泛领域的洞察力。教育学者戴维·珀金斯（David Perkins）提出了一个类似的概念，即“心智工具”（mindware），作为有用的知识工具的模式概念。[33] 比如，孩子看到钢琴内部的运作过程后发现，每当手指按下琴键，钢琴内部就会发生“离散事件”。通过这些观察，孩子可能会对乐器如何迅速发出声音形成印象：两个物体之间必须有短暂的物理接触，如手指拨弦或木棒敲鼓。也许这个想法可以推广到某一类信号系统，如门铃。

抽象概念使人能够评估尝试某些任务的合理性。如果抽象概念显示出高度的复杂性、较长的时间跨度或远距离行动，它们可能会让人迅速得出结论，即某个项目无法由单人完成。抽象概念有助于我们归纳相关的人造物和生物系统，而不必拘泥于具体的细节。我们可能会了解到循环是许多生物系统的核心，并在探索新案例时预测这一点。抽象概念有助于我们猜测谁是专家。如果某人了解某种现象，而我们知道这种现象与抽象的因果模式密切相关，那么我们就会猜测此人很可能是研究相关模式的其他主题的专家，事实上，孩子经常会做出这样的判断。[34] 抽象概念让我们能够跨过表面的联系和相似性，看看带有误导性的比较背后是否隐藏着实质内容，从而与教条和错误信息作斗争。抽象概念还能为惊奇插上翅膀，让我们在更广阔的世界中翱翔。

修理、调整、改进和修复——对机制的干预

孩子对机制原理非常着迷，他们会不遗余力地窥探和拆卸东西，只为了解它们

是如何工作的。这些活动可能是出于单纯的求知欲，也可能是孩子想修理、调整、改进和修复某个装置。当我们对机制进行干预以改变它们时，往往会发现隐藏的因果模式。[35]

人类对机制的首次干预可能是随着工具使用频率的增加而出现的。最早的工具是没有可分解部件的碎石和削尖的木棍。大约 7.5 万年前，首次出现了由不同材料部件制成的复杂装置，如弓箭。[36] 早期工具可能对大脑发育产生了选择性压力（selective pressure），使人们能够创造出具有离散子功能（discrete subfunctions）的更复杂的多部件装置。[37] 支持知识的社会传播的新兴文化也大大加速了技术的发展。[38] 因此，3.5 万年前的世界包含了许多具有可识别子功能的多部件装置，如用于固定弓弦的凹槽和用于稳定箭头的羽毛。到 1 万年前，相对复杂的装置已经出现在住所、服饰、农业和狩猎等生活各个领域。

针对物体的干预活动在孩子的生活中早已司空见惯。在传统文化中，孩子在做家务和当学徒时，就已经深深地参与到这些活动中了。在美国，这一代人在孩提时代经常被要求帮忙修理烤面包机、自行车和结构简单的割草机。这些活动让他们对设备的工作原理有了独特的见解。相比之下，试图治愈生病的动物和植物通常并不能让他们对支持生命的机制产生同样有用的见解。

幼儿期对工具的理解能否支持后来对生物学机制的理解？在实验室里，我们看到了蛛丝马迹，即对装置机制性的理解要早于对生物的理解。比如，孩子们是先理解功能和机制是如何在装置中共同作用的，然后才对生物有类似的认识。这些都是初步的偶然发现。我们对认知劳动分工的研究结果表明，孩子的专业领域会随着对修理、调整、改进和修复活动的重视而发生变化。当孩子开始理解认知劳动分工时，就会从把知识按行业分类（医疗、教育等）转变为把知识按世界的稳定因果模式分类（生物学、物理力学、心理学等）。[39] 我们需要对修复等行为如何加深机制性理解和增强惊奇进行研究。

我们可以从古人类研究中得到哪些启示？难道 10 万年前的孩子没有自发地对世界产生惊奇，是因为当时还不存在引发工具设计的爆炸性发展的东西？还是说，人类早在创造机器之前，就已经能够辨别自然界中的机制？也许，在没有机器干扰的情况下，人类很早就对自然界中的机制产生了迷恋。生物学中既有肉眼看不见的机制，也有能轻松观察到的机制。孩子可能会推断出眼睛某些部分的功能和机制，如瞳孔。捕食者和猎物的眼睛差异可能引发关于机制的其他推理和判断。我们可能永远无法从物理痕迹中了解古人类最初是如何形成对机制的理解的，但研究孩子对自然界和人造界中的机制的最初理解有助于我们破解这个谜题。当代文化在关注复杂生物系统的因果模式上有很大差异，这种差异可能会为发展提供有启发性的对比。比如，将自己视为自然的一部分与将自己视为自然的主宰者之间常常存在概念上的对比。许多受过西方教育的人倾向于主宰者的观点，因此可能对人类在幼儿期理解机制的方式不太敏感。[40]

对机制性思维发展历史的思考引出了一个问题，即当今世界的孩子和成年人接触机制的方式是否正在迅速发生变化？我们将从更广阔的视角来探讨正在发生的变化及其意义。

持续扩大的机制沙漠？

本章以及之前的两章讲解了幼儿期如何使孩子的惊奇快速增长。孩子能发现复杂和抽象的因果模式，能巧妙地利用他人的知识，并意识到机制性解释的力量。如果这些能力能够支持他们对事物内部运作方式的迷恋，他们的认知前景就会一片光明。在接下来的章节中，我们将从这一乐观的状态中迅速走出来，了解事情可能出错的所有方式。为了做好准备迎接接下来的内容，我们先思考一下，由于技术性质的变化，洞察机制的天赋是否会受到影响。

在过去的100年里，撒哈拉沙漠的面积急剧增加，扩大了10%以上，[41]昔日绿色的非沙漠地区变成了一望无际的干旱沙地，这大概是全球变暖造成的又一后果。在我们日常经历的机制体验中，是否也发生过类似的丰富资源消失的情况？

我的第一辆车是1963年的二手凯旋喷火（Triumph Spitfire），如图4–2所示。

因为我的车没有收音机，所以全车没有一个晶体管。它只有简单的线路和可活动的金属部件。维修手册薄薄的、图文并茂，坐在破车旁花一个下午就能轻松读完。因为我没有什么钱，车的性能也不可靠，所以我花了很多时间在废品收购站寻找零件和修车。我们这代人通常都认为如果有需要，可以自己修车。对我们来说，修车是体育课之余的常见活动。

图 4-2　我的凯旋喷火

注：凯旋喷火如果没有收音机，就不会有晶体管。相比之下，2021 年的同类汽车（如马自达的 Miata）则拥有数十亿个晶体管。凯旋喷火引擎盖下的许多机械运作过程一目了然，而 Miata 的机械动作过程则很难看懂。

2021 年，大多数新车的晶体管数量超过 100 亿个。维修和保养手册中写着如何通过看代码显示屏来判断故障所在。手册会告诉机械师如何拆卸和更换损坏的部件。每个可拆卸的部件都可能有许多子部件，这些部件嵌在无法维修的外壳中。没有一本书能详尽无遗地讲解汽车的所有部件，并附有它们如何组装在一起的图解。现在的青少年可能知道如何调整汽车座椅，也可能知道如何更换尾灯。最近，我问了一些大学生，他们会修理什么汽车。令人吃惊的是，有很多人表示，除了驾驶汽车和学习如何操作触摸屏外，他们什么也不会做。少数人认为自己可以安全地更换轮胎或正确使用跨接电缆，只有一人说自己可以自如地更换机油。与此形成鲜明对比的是，1975 年，当我家的汽车发动机熄火时，我妻子的哥哥用绳子和滑轮把熄火的发动机挪走，然后装上新的发动机。他是在没有手册的情况下完成这一切的。他只是看了看连接点，就知道需要做什么。他虽不是汽车修理工（他是一名计算机软件专家），但“捣鼓”过足够多的汽车，所以能够修理遇到的所有汽车。

过去 50 年的变化是巨大的。在年少时期，我经常被要求修理烤面包机、落地灯、简易钟表、唱片机、割草机和其他许多常见的家用物品。人们默认的假设是，你可以把所有东西的盖子拆下来，检查内部，然后找出问题所在。有时零件数量之多让人望而生畏，有时新手因零件太小而无法操作，但即使在这些情况下，专家通常也很清楚自己需要做什么。如今，我们很少能轻易揭示物品的工作原理。最近，当我试图修理一台经济型烤面包机时，我惊讶地发现底部有一块电路板。我年轻时使用的烤面包机线路简单，双金属片在不同温度下弯曲就能关闭或打开电路。老式烤面包机中一套完全透明的因果步骤已经变成了一块无法破译和维修的电路板。

各种电器维修店已不复存在。过去，即使是小城镇也有多家电器维修店。如今几乎没有这样的商店，即使有，通常也只能更换非常昂贵的高端电视系统的零件。没有人会去这种商店维修刚在商场花 85 美元买的电视机。人们要么在保修期内找厂家更换，要么购买新的产品。这引发了“维修权”运动，人们认为无法维修家电侵犯了消费者的基本权利。[42] 立法机构通过法案给予消费者以下权利：能够获取替换零件、维修所需的工具、诊断软件、手册或其他指南。所有这些都必须以合理的价格提供给消费者。值得注意的是，这场运动放弃了了解产品工作原理的权利。如果制造商提供了一种方法，消费者可以按照清单以不高的价格修理设备，那么这些权利就得到了尊重。这可能还不够，人们也有权知道他们所拥有的东西是如何工作的——不用了解得很详细，但要知道关键部件是如何相互作用的以及它们为什么存在。

我最初的几台相机都是可以拆开的机械装置，很容易就能看到所有物理部件并掌握放胶片的方法，化学原理也很简单，许多人很容易就学会了如何在暗室中制作照片。如今的数码相机使用起来要简单得多，功能也丰富得多，其工作原理却是个谜。更糟糕的是，由于照片大多是用手机拍摄的，所以相机已经基本消失了。现在，一些图像处理功能与其他手机功能合并了，这就更难弄清楚原理了。

很少有设备能摆脱机械装置日益不透明的趋势。在没有电池和电线的情况下也能正常工作的设备，被无端添加了电子元件，更是加剧了这一趋势。现在，我们附近药店里的大多数贺卡都带有电子元件，可以播放歌曲、问候语，以及发出奇怪的声音或亮光。超市里的大多数玩具都需要电池，甚至有些玩具锤子也需要电池。锤子似乎是一种不可能有电子元件的东西，但玩具制造商让它有了。据说电子元件可以吸引孩子了解锤子。

多年前，当电路设备比较普及时，它们的机制更透明。在我上小学的时候，每个人都会得到一个装满电线和少量金属片的盒子，并被告知要按照说明制作一个电动机。我们很快就知道了每个部件的作用以及它们之间是如何配合的。同样，我们还制作了晶体管收音机。时至今日，我仍对能用原材料制造出不用电池就能工作的可调谐收音机感到惊叹。接触原材料是非常重要的。

在公立学校中，学习制作和修理物品的课程已基本消失了。[43] 有人提出要恢复这些课程，他们的理由是有一些学生将来会从事该行业。但多年前，人们对这些课程的看法并非如此。那个时候，人们通常认为这些课程相当于每个人都应该共享的基础知识和概念工具包，不过这个所谓的“每个人都应该共享”，通常是每个男孩都共享了，女生则被送去上家政课。取消，而不是向所有人开放这些课程，“解决”了这种不公平的性别划分问题。[44]

反对以上观点的人会称赞当今的年轻人是计算机和编码方面的天才。这些“数字原住民”所掌握的知识是大多数成年人都难以掌握的。这种新知识似乎不同于任何版本的机制。可以肯定的是，我的 3 个儿子，以及更年轻的孩子们是电脑探索者，而我永远不懂电脑。几分钟内，他们就能沉浸在视频游戏中，而我还在努力移动鼠标。他们不用看任何说明就能知道如何使用新的应用程序或软件，还能把许多软件结合在一起完成任务。我完全相信他们在这方面的超能力。但他们掌握了什么呢？如果把今天的电脑比作汽车，他们是学会了汽车的工作原理，还是只学会了驾驶？他们似乎是学习操作用户界面的专家，而不是学习底层代码或物理组件如何工作的专家。

或许 21 世纪的孩子们正在学习更高层次的机制，包括编程指令和应用程序如何进行因果互动，但他们通常不会这样谈论自己的技能。他们的知识更像是程序，而不是技能。如果你让一个青少年举例说明链表、队列、栈和数组在简单程序中是如何交互的，你可能会得到一个茫然的眼神，甚至是充满敌意的眼神。大多数青少年的编程技能并不等同于理解高级机制符号的能力，否则公司就不会疯狂地争相寻找有能力的程序员了。如今的青少年，也就是所谓的“数字原住民”，似乎常常是在一个他们完全不了解的庞大系统的表面徘徊。他们可能在使用和学习使用软件界面方面拥有非凡的天赋技能，但即便程序员做得足够好，这些软件的实际工作原理对于精通用户界面操作的人来说仍然是不透明的。用户层面的软件操作技能与了解如何操作和为什么这么操作完全不同。青少年可能知道图形处理单元芯片在机器学习领域表现得更好，却不知道它们是如何加快处理速度的。随着深度学习系统能为我们解决的问题越来越多，这些理解上的差距只会越来越大。如果一家公司推出了改进后的面部识别系统，人们不太可能会问它的机制有何改变。即使是该领域的专家，也只会认为它来自更强大的深度学习系统，而深度学习系统就像一个黑匣子，我们无法对其工作原理进行说明。[45]

简而言之，人造界在过去的 50 年里发生了翻天覆地的变化，显而易见的潜在机制已经消失在迷宫般的电路和拥有数百万甚至数十亿个晶体管的芯片中。我还记得，当父亲把一台有 10 个晶体管的便携式收音机带回家时，他说这与我们以前使用的有 6 个晶体管的收音机相比，技术上有巨大飞跃。我们甚至可以知道每个晶体管的作用，以及 4 个新晶体管是如何提高收音机性能的。没有人试图对目前手机中的数十亿个晶体管进行这样的机制性讲解。大多数年轻人很少有机会了解事物之间进行因果互动产生的影响。也许，今天的年轻人真的是在用某种版本的解释性知识进行认知补偿，而这种知识是在我看不到的软件功能的抽象层面上。如果能看到新一轮研究记录了这种知识，我会欣喜若狂。但是，即使这种知识真的存在，我们也不该忽视那些使高级软件系统成为可能的基础过程。

也许我的担忧只是一个老顽固对懒惰的年轻人的抱怨。以前总有人说收音机、电视机、计算器和互联网会让孩子变得愚蠢，现在看来都是荒谬的。我承认，我可能也错了。也许新一代年轻人已经明智地将他们的知识和理解力外包给了互联网和强大的搜索引擎。如果只要在互联网上搜索问题，然后观看搜到的视频就能解决问题，那又何必用知识来填补自己的大脑呢？然而，这种说法是假定依赖外包不会造成任何损失。

将知识交由搜索引擎和应用程序处理，与真正了解知识大相径庭。当设备或网络有故障时，外包知识就无法使用。即使所有外部资源都正常工作，你的思维方式也会不同。如果你的头脑中有一系列丰富的因果模式，就能更迅速、更轻松地解决问题和创造新想法。我们实验室每周都开会，十几个人会多次进行交流。这些交流需要快速回忆模式，以识别错误、产生新的想法并找到解决方案。如果每个人都要从网络上搜索信息，这个过程就会耗时更长，甚至根本无法进行。此外，如果没有足够的先验知识，你将不知道如何高效地搜索信息。人们严重低估了高效搜索信息所需的先验知识。

如果这些对技术变革的担忧是有道理的，那么对持续扩大的机制沙漠进行深入了解将变得越发重要。通过这种了解，我们或许能找到办法，保护机制性思维的优势，以及它赋予惊奇的力量。事实上，对技术进行一些认知上的重塑对于采取措施来滋养惊奇是至关重要的。

> 孩子从小就能感受到机制的重要性，并认为掌握机制性信息的人拥有更专业、更丰富、更可推广的知识。他们关注详细的机制，并利用这些信息构建抽象的解释性因果模式。然后，他们运用这些抽象概念来解释、理解和说明新现象。具有机制性思维的人不仅会注意到频率、相关性和独立的因果关系，还会构建结构化的因果解释。这些体系将机制和功能连接在一起，形成层层递进的复合体。这些复合体往往是科学、工程学和其他领域重大智力成果的核心。

机制为可持续的高阶表述提供了路径，即使在细节迅速被遗忘的情况下，也能体现事物是如何运作的。孩子和成年人一样，无法记住自然现象和装置的机制细节。如果教师误解了儿童思维和概念的本质，那么记住机制细节就可能被视为学习的终极目标。孩子可能对机械装置有浓厚的兴趣，但这种兴趣只是学习更有用的知识形式的途径。这些形式包括“机械工具包”，它能让用户深入了解系统中的各种机制，而不会感到不知所措。孩子可能会了解到，非生命体之间的影响几乎是瞬时的（如台球间相互碰撞），这与涉及生命实体的事件形成鲜明对比。孩子可能会认为绳子和线能把东西拉到一起或固定在一起，有小孔或网格的容器（如筐篓或网）

通常对流体或细小的物体（如水或沙子）起作用，弹簧能“储存”拉力。这些“工具包”通常是被“动态”调派的，当实物或有人提供了额外的支持时，它们就会被用来构建有针对性的解释。正确地接触因果力学信息对幼儿期科学教育至关重要。即便细节已被遗忘，丰富的机制内容也是不能被忽略的。当幼儿园的孩子们观看发动机内部工作的视频时，能有效地获得抽象概括能力。

> 如果我们失去了学习机制的乐趣，认知能力就会被剥夺。终身的机制性思维模式让我们能够理解和接触众多专家群体，同时也让我们掌握了不被他人误导的方法。除了利用机制来增强理解事物的乐趣，我们还可以利用机制学的探究模式来揭穿伪专家的谎言——即使我们自己也知之甚少。

骗子们会发现，编造虚假事实和引用资料来源比向具有机制性思维的新手提问者提供更多机制细节容易许多。

20 多年前，专栏作家威廉·萨菲尔（William Safire）用以下这段话很好地概括了了解机制的乐趣：“我认为，我们有必要知道自己不需要知道什么。我们不需要为了成就而知道，需要为了乐趣而知道。了解事物如何运作是认识其价值的基础，也是文明和快乐的源泉。”[46] 每个人都有洞察力，但如果我们不能保持这种能力，就会成为虚假信息的受害者。当正规教育、非正规场所和整个文化与孩子自然萌发的机制学习方式发生冲突时，也会削弱惊奇。学龄前儿童通过惊奇来理解世界的速度非同一般，不应该在进入学校后陷入低谷和停滞。然而，对许多人来说，这种命运正在等待着他们。

第二部分

惊奇的衰落

第 5 章

只教事实限制科学思维

1974 年，我还是一名研究生，在加利福尼亚州沿海山麓丘陵地带的一所学校开展一项研究。这项研究探讨了学龄儿童如何感知语言和视觉中存在的不同类型的歧义。比如，这项研究提出了一个问题：针对学龄儿童，语言中结构性歧义的识别能力（比如“快乐的船长的妻子”有两个含义），与图像中结构性歧义的识别能力（比如在一张图中看到两张脸还是一只花瓶）相关性强，还是与语言中语义歧义的识别能力（比如单词 bank 有多个含义）相关性强？[1] 有一位幼儿园教师问起了这项研究，她仔细听了研究介绍并看过相关资料以后，便自信满满地预测了研究结果。她认为，研究结果是显而易见的，因为幼儿园的孩子仍处于认知发展的具象思维阶段，所以他们的表现、认知水平与已经过渡到抽象思维阶段的四年级学生相比，会有很大的不同。44 年后，当我参观一个科学博物馆时，听到一位工作人员在解说新展览的某些设计特征是如何契合幼儿具象思维的，以及其他设计特征是如何契合大孩子的抽象思维的。

这两个人对于认知发展的看法并不罕见，“从具象向抽象转变”的观点长期以来一直都是教育学理论的核心观点。几个世纪以来，人们认为孩子的思维方式受困于认知发展的早期，与其他年龄段有质的不同。当五六岁的孩子们进入学校接受正规教育时，人们通常会认为他们有概念认知障碍，因为他们还没有摆脱特定年龄段固有的限制。对于这些限制，常见的解释就是具象思维。我们应该特别关注，这类看法为什么如此具有影响力，但又错得如此离谱。

对于一些公开拥护“从具象向抽象转变”理论的权威人士而言，孩子是否只具备具象思维这一理论问题，答案是显而易见的。约翰·杜威（John Dewey）和玛丽亚·蒙台梭利（Maria Montessori）为此提供了极好的例子，证明了那些思维缜密、经验丰富的观察者是如何避免秉持孩子只有具象思维这一极端观点的。我们先来看看他们的观点，然后再来谈谈这一谬论能持续存在而又大错特错的 4 个具体原因。

我们对有关具象和抽象思维的案例进行了研究，由此引发人们对孩子内在认知局限性的深入思考。大多观点假定认知发展存在不同阶段，每个阶段认知能力受到的限制涉及所有内容领域。比如，有些理论认为低学段的孩子无法推理长度的传递关系（比如，如果亚当比比尔高，比尔比查德高，那么亚当一定比查德高）。认知发展阶段论通常认为，低学段的孩子也无法推理其他内容领域中的传递关系，包括时间和道德。对认知发展阶段论观点的批判引发了当代的新观点，表明了人们是如何转变观念的。这些新观点并没有将一系列的阶段历程及其明显的局限性作为儿童认知发展的特征。

鉴于观念转变和发展本质方面的新兴共识，我们终于可以对“惊奇”的含义一探究竟了。尽管国家层面抱有美好的愿景，但学校的实际情况表明，教学常受到传统观念的支配。被这些观念支配的教学不仅无法支持惊奇的产生，还与其背道而驰。

为了更好地理解长期以来“人们认为幼儿思维具象”这一直觉式观点的影响力，我们从几个世纪前开始讲起。

具象思维虚假的重要性

1810年的瑞士，有一个叫约翰·海因里希·裴斯泰洛齐（Johann Heinrich Pestalozzi）的人，他做过牧师、政客、农民，在接连失败后，最终成为一位非常成功的教育理论家和践行者。[2] 他认为最初需要在具象层面“经由感官”来教学，然后逐渐上升到抽象层面。他将教学进程与其假设的从具象到抽象思维的发展性转变联系起来。

多年来，心理学、哲学和教育学领域中的一些代表人物认同裴斯泰洛齐的观点。蒙台梭利学校强调，具象与抽象的差异是其发展性课程的核心。如今，世界各地的蒙台梭利学校总是将具象至抽象的转变作为教学理念的关键。人们熟知的哲学家、心理学家和教育理论家杜威，于1910年在一篇题为《具象与抽象思维》（*Concrete and Abstract Thinking*）的文章中详细地讨论了这种转变。20世纪其他著名的发展心理学家，如列夫·维果茨基（Lev Vygotsky）、杰罗姆·布鲁纳（Jerome Bruner）和让·皮亚杰（Jean Piaget），都阐述了认知发展的模式。人们认为这些模式是对具象至抽象思维转变的阐述。相关的讨论涉及整体型到分析型认知方式的转换，以及语境绑定到语境自由的转换。这些研究案例都有一个共同的主题：孩子（通常至少6岁）只能思考五官能够直接感知的具象的事物（比如，汽车、狗、跳跃、打喷嚏）。其他所有抽象的概念都超出了他们的认知范围。

从字面上看，儿童思维从具象到抽象的大规模转变是一个了不起的论断。就好像他们的认知机制一直在发生变化，其规模甚至比科学技术从模拟存储到数字存储的转变还要大。在短短几年内，像素的离散化取代了光化学梯度，大量的1和0序列取代了声音振动的物理痕迹。儿童思维是否正在经历一场更大规模的转变？他们是否不知为什么就完全改变了表达和思考的方式？如果这种认知转变确实发生了，那么人们在转变前后与孩子互动的方式会截然不同，这也会纠正人们认为孩子只能肤浅理解现实的偏见。这些观点从何而来？为什么尽管有充足的证据可以从根本上驳斥它们，但它们仍能保留下来？这种认为孩子要经历贯穿整个思维领域的不同认知发展阶段的转变理论，与其他限制孩子发展的观点有何关联？理解这些观点的传播力将有助于我们了解，盲目地接受它们会如何影响教育，并最终影响我们通过

"惊奇"参与探索和发现的机会。

被曲解的杜威

尽管儿童思维会由具象至抽象转变的传统理论历史悠久，但研究发现，婴幼儿和学龄前儿童能够通过观察和行动识别并有效地利用抽象概念。我们在第 2 章中看到了他们是如何通过抽象化的模式对事物进行推测的。此外，他们可以很容易地利用对这些模式的感知来解释完全陌生的情况。我们如何协调这种最新的研究成果与更传统的观点呢？

杜威为我们提供了参考。他在自己写的关于具象和抽象思维的文章中，解释了这两种思维形式的细微差别，以及它们在发展过程中是如何相互作用的。然而这部分内容被人们忽视了，人们把杜威视作具象至抽象转变理论的支持者。实际上，他关注的是课程内容的教学过程，而不是孩子心智的发展变化过程。他关于具象和抽象思维如何一直相互作用的观点对于这两种过程都是适用的：

> 人们或许对"化具象为抽象"这句指导教师工作的话颇为熟悉，却不甚理解。很少有读过或听过这句话的人能够知道，出发点的概念（即具象）和目标的本质（即抽象）以及从此处到彼处的路径的确切性质。有时，这样的告诫显然被误解了，即认为教育应该从教授事物推进到教授思考——好像教授与思考无关的事物也可能是有教育意义的。[3]

杜威认为，在教学的所有阶段，具象和抽象思维都必然是共存的。好的教学不能只讲具象而不讲抽象思维。具象和抽象思维共存的观点也适用于认知发展。与杜威强调的两种思维方式共存的观点不同，大多数成年人认为，认知发展是一种从具象到抽象的发展进程，孩子最初只能思考摆在他们面前的简单实物。

被误解的蒙台梭利

发展心理学和教育学的引领者表述的观点经由追随者们的传播，变成了简化后的歪曲版本。如果我们能更加深入地审视蒙台梭利的著作和实践，便能认识到，使用具象到抽象这种单一信条来解释她的所思所为，将削弱其中很多吸引人的思想。正如杜威对儿童思维有着细致并且深刻的见解一样，蒙台梭利也认同“孩子能够主动、富有创新精神并且有效地探索环境”这一观点。

19 世纪末，蒙台梭利在意大利长大。上中学时她深入学习了科学和数学，为后来进入罗马大学附属医院奠定了基础。对于当时的意大利女性来说，她的行为是大胆而又不寻常的。她起先是作为医生诊治发育迟缓的孩子。这段经历使她对认知发展和教育有了更广泛的理解。1907 年，她在罗马开办了自己的学校，实施了一种新的教学方法，最终成千上万的蒙台梭利学校在世界各地兴起。[4]

蒙台梭利认为孩子是经由一系列被她称为“层面”（planes）的阶段持续进步的。从出生到 6 岁的孩子处在第一个层面，他们的特点是沉迷于具体的事物，特别是在前 3 年的时候。蒙台梭利的生物学和医学背景能让她以准生物学的视角来看待认知阶段的变化。她指出，孩子的乳牙在 6 岁左右脱落，这被视为新阶段，即第二个层面开始的标志。[5] 她把认知发展的不同层面比作毛毛虫和蝴蝶不同的生理变化阶段，认为教师必须守护孩子在当前层面充分学习的能力（成为更大更好的毛毛虫），使孩子在过渡到下一个层面之前，能够充分地完成当前阶段的成长。

蒙台梭利认为，3 岁以下的孩子对世界的形态特别敏感。他们通过无意识“接收”的方式来学习世界的形态，[6] 不用思索就能做好无意识地吸收大量信息的准备；当过渡到第二个层面，孩子的这种能力就会逐渐消失。她很可能已经注意到了本书第 2 章所说的婴幼儿的统计学习能力。然而，虽然激增的其他认知技能可能会掩盖统计学习能力，但是没有证据能够证明孩子 6 岁以后统计学习能力会减弱。

在教学实践中，蒙台梭利的课程项目在强调具象思维的理念引领下，孩子们很早就沉浸于有实物的动手实践活动中。当面对数学原理和运算、物理定律或生物学基础时，教师会有意避免直接教授抽象概念。教师的做法是借助实物材料，通过孩子与这些材料的互动将一些概念解释清楚。蒙台梭利认为，材料不应是好玩的模拟玩具，而应该与现实生活中的实物联系起来。对她来说，真实的世界如此丰富多彩，教育的主要目标应该是提供一定的方法，将孩子们的思维与真实世界的形态联系起来。[7]

蒙台梭利可能从未真正认同过孩子的内在表征能力仅限于具象概念这一观点，她强调的是幼儿期课程的材料和设置应该关注实物和活动，以促进孩子学习。这样的教育实践本身并没有否认孩子能够习得抽象类别和关系的能力。蒙台梭利甚至认为，孩子的头脑中早就有关于数学的大部分概念，只等合适的实物材料将这部分内容激活。学者们以前很少讨论内在心理表征形式的具体情况，直到 20 世纪后期，计算机作为信息格式化和存储的实体模型出现以后，认知革命爆发，这一观点才有了支撑点。由此，在早些年，提起具象思维，人们对它的含义并没有清晰的认识。蒙台梭利并不认为孩子理解概念的能力只局限于记忆具体图像和实例。她曾经说过："教授细节会带来困惑，而建立事物之间的联系则能带来很多启发。"[8] 如今，关注关系常常被视为抽象思维的核心。她一再主张教育不应该试图去灌输知识，而必须以增强孩子的内在兴趣和探索能力为宗旨。[9] 她强调了孩子理解世界的强大内驱力，以及他们拥有的先验知识对于学习的必要性。

蒙台梭利讲解了如何"唤醒"孩子已有的兴趣。教师要提供能够支持和增强这些兴趣的环境和材料。教师应该给孩子展示制作精良的材料，让他们放飞想象力。本书下一章将介绍蒙台梭利重视内在兴趣、排斥外部奖励的理念是如何与当前教育环境中的相关研究产生强烈共鸣的。后者研究的是对于孩子的最佳激励法。当孩子专注于一项任务时，就会变得平静、喜悦、忙碌、忘我，从而对物质奖励漠不关心。[10]

在很多方面，蒙台梭利都是在孕育惊奇。在她看来，教育不是传授知识，而是要想办法释放人的潜能。[11] 她想要找到方法，让孩子专注于对真实世界进行自主探索。好的教育是"激发已经播种的兴趣"。[12] 她强调，每个孩子都有巨大的潜力，只等着在合适的环境中通过学习合适的材料被释放出来。

蒙台梭利学校的很多教育成果都极为显著，[13] 这可能源于大部分课程设置都侧重于让孩子成为主动的、专注的学习者，使他们变得善于发现世界的运行模式。它们还鼓励学生之间进行互动，以获取更多的信息用来处理问题。它们通过这样的方式支持学生和他人共同构建知识群体。遗憾的是，当成年人把儿童思维诠释为具象思维时，往往会认为儿童的认知缺陷会严重地限制他们所能学到的东西。具象性意味着成年人对儿童思维施加的限制，而蒙台梭利认为，具象性应该作为杠杆，用于释放和激发更丰富的思维形态。

从具象到抽象的说法为何如此受欢迎

为什么从具象到抽象的说法如此令人信服？这一认知发展的观点是由 4 个交互作用的原因共同维护的。

原因 1：语言习得过程中发生了相关变化。幼儿一般无法习得指代抽象关系的词语，比如“随机性”“适应性”“惯性”。他们的言语多半指代的是单一实物和特别的事情。相比于其他抽象的模式和关系，婴儿对“随机性”和“惯性”比较敏感，而幼儿则对“适应性”比较敏感。出人意料的是，幼儿更愿意以抽象的方式学习科学，而不是具象的方式。实际上，有时候掌握具体的细节需要花费的时间更长。[14]比如，学龄前儿童可能相信，动物体内一定有什么“小东西”决定了它们的外形特点和行为，直到进入医学院，大多数成年人才弄清楚动物体内具体有哪些器官以及各个器官之间是如何协同工作的。

如果不仔细考察孩子的非言语思想形态，非专业人士在日常生活中可能只会关注到他们碰巧说出的那些具体词语，而忽视孩子实际的认知能力。那么，为什么孩子使用的词语起先往往是指代具体实物呢？在幼儿期学习词语时，老师或家长指向具体实物可能更易于消除词语的歧义。[15]虽然“随机性”是一个容易理解的词语，但要明确地举出一个相关的例子可能要比指明一只狗困难得多。词语指向真实世界的实物或事件比较容易理解，如指向一辆汽车或一场火灾。现在，试着举出抽象词语的实例，如正义或傲慢。这些似乎更易于运用语言而非具体实物来指明。虽然举出抽象词语的实例不容易，但这并不意味着孩子们不能理解这个抽象词语对应的概念。事实上，在现实世界中，即便是指代具体实物的词语，用指向的方式来表明意义也常常是不容易的。[16]

孩子从会说第一批词语开始到 5 岁时，其言语中抽象词语的出现频率会大幅增加，即使是年龄很小的孩子也能说出一些抽象词语（如走、嗨、不、给、哇、漂亮、全没了、更多、睡觉、傻、没有）。抽象词语通常带有感情色彩（如坏的）。[17] 孩子能够使用词语来表达一些抽象概念。此外，在大部分情况下，孩子首次说出一个词语并不代表他此刻才了解这个词语的概念。词语通常是先前已有概念的映射，不是突然出现的，也不是新造的。哲学家杰里·福多尔（Jerry Fodor）提出了一个颇具争议的观点：所有概念都是与生俱来的，词汇量持续增长不过是在学习将词汇映射到那些先前已有的概念上。[18] 我们不必接受这一激进的观点，但不得不承认在给一个概念贴上标签之前，它可能在我们的头脑中已经存在很多年了。我最近学会了一个印尼语单词 mencolek，它指代一种开玩笑的方式，就是从一个人侧后方拍他另一侧的肩膀，目的是让他看向错误的方向。5 岁以上的孩子可能都知道这个动作，但是大多数母语为英语的孩子都不会用相应的短语或单词来表达。母语为英语的孩子还有很多其他无法用单词来表达的概念。比如，gigi 是一个菲律宾语单词，意思是抑制不住冲动想掐一掐或者捏一捏某些极其可爱的东西；tartle 是一个苏格兰语单词，形容一个人正要介绍某个人，却突然记不起来他叫什么名字时那种慌乱、犹豫的心情。许多抽象概念可能是我们很熟悉、很容易辨认的，却没有对应单词来编码记忆。人们可以随意为熟悉的具体事物生成新词。我可能会将清扫过的草坪上残留的碎屑命名为 ditsibits，或者把森林中一棵高出其他植物的大树命名为 arborstriver。没有对应的单词并不意味着某件事物就是抽象的。

原因 2：人们会对比孩子对高频词（如苹果）和低频词（如化油器）的认知效果。孩子在使用熟悉的高频词的任务中比在使用低频或无意义词语的任务中表现更好，但这主要是因为熟悉的高频词所施加的记忆负荷较小。负荷较小是因为预先与熟悉的概念建立了心理连接，所以能够更高效地推理，这与概念的抽象与否无关。婴儿可以轻松思考关于动量、惯性、连续性和意向性的概念，而不用知道相关的词语。

原因 3：孩子对词义理解的变化可能错误地暗示了思维从具象向抽象的转变。从图 5-1 可知，孩子们通常在学习如“叔叔”一词的定性特征（父亲的兄弟）之前，会先学该词的独有特征（父亲温暖贴心的男性朋友）。[19] 这种转变在不同的语义领域（道德、亲属、烹饪等）发生的时间不相同。亲属词条的特征转变发生在 7 岁左右，道德词条（如偷窃、撒谎、伤害）比它早几年，烹饪词条（如煮、烤、炸）则比它晚几年。即使是成年人在新的语义领域也会做出同样的转变。

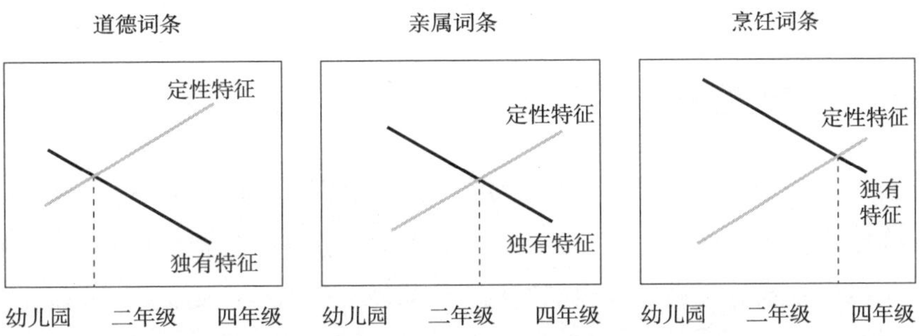

图 5–1　孩子在成长过程中对三类词条理解的变化趋势

注：有时，人们会把词义从独有特征到定性特征的变化，错误地理解为思维从具象到抽象阶段的全面转变。孩子从关注大量的独有特征（深色线条）变为专注于少数定性特征（浅色线条），表明他们理解词义的方法确实会发生转变。在同一语义领域中，人们对大多数词语（如亲属称谓）的理解大致会在同一时间发生转变，但在不同的语义领域发生转变的时间会非常不同。对于没有明确定义的词语，人们对其的理解都会发生从独有特征到定性特征或以因果关系为中心的特征的类似转变。

资料来源：Keil,F.C.(1989).*Concepts,kinds,and cognitive development*.MIT Press。

因此，这种转变是所有年龄段共有的，而不仅限于发育阶段。对于物理领域中同一个问题，大学物理专业的新生根据独有特征分类，而那些训练有素的学生则根据更深层次的特征进行不同的分类。[20] 所有年龄段的学生通常都会采取一种策略，即先对许多与已标注实例对应的特征进行广泛总结和列表，然后再决定哪种特征或潜在的因果关系才是真正重要的。重点是，独有特征并不总是比定性特征或以因果关系为中心的特征更具体。

原因 4：人们会将从新手到专家的教学过程等同于思维从具象到抽象的发展进程。杜威也提出了这一点。因为所有年龄段的教学都是从具体例子开始的，然后发展到抽象原理。人们可能由此推断认知发展的过程一定也是这样的。

事实上，成年人教学不该总是从缺乏总体目标或抽象陈述问题的具体例子开始，否则可能导致对认知发展的错误推断。比如，对于许多熟悉的物品，如落地式摆钟，假定你知道它是什么，以及人们最初制造它的原因，你就可以通过讲解其内部机制来教孩子。你也可以从抽象的讲解开始，解释为什么我们需要知道时间，并告诉孩子落地式摆钟有高高的钟壳，它是第一个能够精确显示时间而又相对便宜的钟表。直到很久以后，你可能才会揭示其内部机制。

不支持转变理论的证据

在过去的几十年里，研究人员证明了思维从具象向抽象转变这一理论的局限性。在我们实验的早期，孩子们便对抽象形式十分敏感。在了解内部特征以前，他们已经可以辨别动物和机器的内部结构。[21] 苏珊·格尔曼（Susan Gelman）也提出了类似观点。她在《孩子的本质》（*The Essential Child*）[22] 一书的引言中，探讨了本质主义是如何与具象向抽象思维转变的理论相悖的。孩子们可能认为动物具有内在本质，这些本质对于解释可见属性至关重要，但对于这些本质到底是什么样子或如何产生效果，他们没有任何具象知识。孩子可能认同机器零件和动物器官拥有复杂的机制，但很少知道它们具体长什么样。抽象信息和具象信息的处理在成长过程中是互补的。此外，不同的文化背景可能会令同一年龄段的孩子在同一件事情上形成对抽象或具象思维模式的偏好。[23] 杜威认为在贯穿各个年龄段的教学过程中，都应考虑到两种思维模式间的互动。[24]

混淆抽象思维和具象思维的影响极大，因为这些混淆会形成孩子们陷在具象思维中的假设，从而导致更多有关教学内容、传达方式、评估方式的假设。这将会削弱孩子对科学的热情。教学和评估可能恰恰会忽视这个世界吸引孩子的那些方面。当然，建立在许多事物之上的抽象概念，比如房贷，孩子可能需要几年的时间才能理解，但这并不能令早期较少依赖文化背景的抽象概念减色半分。

发展进程的不连续性

思维从具象向抽象转变的理论只是传统观点之一。该观点认为孩子的思维经历了一系列蜕变，在一系列井然有序的步骤之后，孩子被限制的思维将得到释放。这些限制影响了孩子的思考，以及他们可以接受的概念。总而言之，这些观点会假设认知发展是分阶段的。除了从具象到抽象思维的转变，我们还从其他事物中发现了从规定到图标再到符号、从不合逻辑到合逻辑、从整体到分解、从联系上下文到脱离上下文等各种所谓的转变。

20 世纪杰出的认知发展理论家，如皮亚杰、布鲁纳、维果茨基都支持这样的认知发展阶段论。这些思维的蜕变囊括了现实呈现方式的全面重组。比如购买行为，先是被理解为一系列图像的交替，然后才被理解为一套讲解交易的规则。人们说这套规则超出了孩子的认知范围。

持认知发展阶段论的理论家都支持领域普遍性（domain generality）。领域普遍的阶段产生于核心认知能力，这些能力体现在所有范畴的思维模式中。阶段性变化就像把电脑旧的 CPU 换成新的一样。新的 CPU 处理信息的模式完全不同。孩子大脑中的 CPU 也换了。拥有具象思维的孩子对生物学、物理学，甚至是伦理学都进行了具象思考。当他在某个领域转变为抽象思维时，他在其他领域也会同时转变为抽象思维（某些理论允许转变出现延迟）。但几十年的研究都未发现这种全面的、严谨的发展表征缺陷。

好几个大型的报告讨论了正规教育和孩子自发发展的能力之间的错位，[25] 但是问题仍然存在。人们仍然认为幼儿园的孩子受限于早期认知阶段。比如，入学的前几年，孩子们似乎会忽略类比的核心，即更深层次的联系，而专注于表面匹配。[26] 目前，在含有因果关系的环境中呈现更多的自然物刺激，能够令 4 岁孩子更清晰地明白类比。[27] 当孩子对使用了隐喻的两个领域很了解时，那么相关的隐喻自然就会脱口而出。通过观察，俄罗斯诗人兼童书作者科尔内·楚科夫斯基（Kornei Chukovsky）揭示了学龄前儿童能够创造新颖的隐喻，比如将赤身裸体比喻为“我全身连鞋袜也没穿”。[28] 此后，一些研究人员还记录了许多蹒跚学步的孩子早期自发创造的隐喻，比如把轮胎称作“汽车的鞋子”。[29] 在与任务相关的领域拥有丰富知识的孩子，会比知识贫乏的孩子看起来见多识广。人们经常将特定知识库的差异与一般认知能力的所谓年龄差异混淆。

比起大龄孩子，幼儿的确无法完成一些任务，但是他们的失败通常并非因为缺乏基本的具象化展示能力或计算能力。皮亚杰的研究揭示了 7 岁以下的孩子无法在变化中“守恒”（conserve）数量。他们或许缺乏某种像逻辑规则这样的智力“运算”（operators）。他们还处在“试运算思维”（preoperational thought）之中，就像苦于不能运用某种计算能力和展示能力的 CPU 一样。想象一下，你给 5 岁孩子展示两排距离相等的西洋跳棋，每排 8 颗棋子，然后问他们两排棋子数量是否一样。孩子们会回答：“是一样的。”然后，你把第一排每颗棋子间的距离拉宽至原来的 1.5 倍，第一排就变长了。这时，你再问孩子们两排棋子的数量是否一致，大多数 5 岁的孩子都会说第一排的棋子数量更多，因为他们无法“守恒”数量。相较而言，大多数 8 岁的孩子会说：“两排的棋子数量明显仍旧一样，因为实验人员没有做出任何重要的改变。”

流行于全球的认知发展阶段论之其他解释

皮亚杰解释了孩子对话能力的巨大转变，是因为缺失某种智力“运算”。这种“运算”是一种认知推理工具，可以使孩子思考概念词之间的关系，比如身份、补偿、可逆性。但之后的许多研究却揭示了孩子不会因为缺乏某种智力“运算”而完不成任务，他们会被任务中和皮亚杰理论无关的其他因素影响。这些因素包括有限的注意力（比如只能集中注意力于任务的某一个维度），记忆的存储量较低（比如只有在棋子较少的情况下能准确说出数量），以及不同的社交语境推理能力（比如孩子会认为，既然你有目的地改变了某些东西，你就会想要改变结果）。当实验人员对这些因素进行控制后，很多幼儿也能够“守恒”数量了。反之，增加这些干扰因素会导致大龄孩子甚至成年人无法完成任务。[30] 目前，人们通常认为，这些发展变化是因记忆力和注意力增强而被激发的，不是由于突然的阶段性转变而格式化概念。当有更多突变发生时，这些突变就会被当作某些特定领域概念性见解的来源。

是什么导致了记忆力和注意力的发展变化？许多研究人员认为是“执行功能”（executive function）的发展。执行功能是一组相互关联的技能，在有清晰目标的任务中，用来调动和管理注意力。这些目标包括背诵词汇表，无视干扰并集中注意力于某一目标，以及对抗想要立刻反馈的冲动。执行功能强的人，其认知会更加灵活（比如会对一个问题有不同的思考角度），有更大的短期记忆容量（比如像心算那样，能记住许多碎片信息并运用它们），以及有更强的控制力（比如选择一个冷门但正确的答案而非人云亦云，或者能够抵制干扰因素的诱惑）。[31]

执行功能跟大脑前额皮质有关。这一区域与大脑其他区域相比发育较晚。大多数研究人员都认为执行功能会因成长而受到制约，但是通过练习相关任务并减轻压力，执行功能在学龄前或低学龄期也是可以培养的。低社会经济地位家庭的孩子，执行功能会受限，很可能是由于锻炼执行功能的机会更少。[32]孩子如果待在一个混乱的托儿所里，那里的看护者需要一个人照顾许多孩子，并且资源极其有限，那么孩子就很难有机会在引导下与另一个孩子进行拓展互动，甚至很难安静地玩一个有趣的玩具或参与一个教育游戏。

总之，增强注意力和记忆力与加强执行功能相关，而这又可以解释许多明显的阶段性现象。当将这些和成年人在各种任务中想获得的实用性解读结合在一起时，这些流行于全球的认知发展阶段论就站不住脚了。很明显，孩子的认知能力从婴儿期之后便有了变化。有时候，仅看他们的外在表现，我们就会发现这些变化十分剧烈。当表象背后的本质难以辨别时，人们就会转而对认知发展阶段论和从具象到抽象思维的转变理论着迷。当用来推测孩子的思维时，这些错误的观点可能没多大影响，但当涉及具体的教学实践时，它们可以说是灾难性的。在考虑和解决这些问题之前，我们需要了解下在学龄前和低学龄期，知识和概念性理解是如何发展的。

知识增长与概念性转变的现代说法

自婴儿期后，孩子的知识量越来越丰富，知识结构越来越复杂。现在大多数研究人员都认为知识的增长具有某些普遍特征。最近几十年，随着更深入地探究知识在深度和广度上的增长方式，人们才发现了这些普遍特征。

知识增长的模式

知识增长最简单的模式就是信息积累，比如积累动画片《宝可梦》中持续增多的名字（在本书撰写之际，共有 898 个名字），而不需要知道这些名字的意思。《宝可梦》的一些年龄较小的“粉丝”可能会试图积累这样不用动脑筋的名单。

不只是简单地积累名单，我们还会尽可能寻找新事物之间相互关联的结构或将其与我们现有的知识联系起来。我们通过虚构作品中的人物在故事中的互动，或者所处场景将他们联系起来。我们还可以把他们和现实生活中的人或其他类型的角色联系起来。我们构建出了更庞大的相互关联的知识结构，这些结构为我们提供了认知经济。在认知经济中，每一个元素都能提示另一个元素，从而形成具有意义的“记忆块”。记忆块的经典例证就是国际象棋大师将常见的下棋步骤作为“一整块”储存在大脑中（比如西西里防御下法的各种变体）。[33]

很多种知识结构都能够支持知识的留存和增加。我们将要记住的事物映射到熟悉的现实世界空间，比如家中的不同位置，这就是西塞罗（Cicero）用来记住长篇演说稿的方法。我们可以将它们嵌入押韵诗的短语中，以便利用语言的结构来记忆。我们也可以把它们放在信息的层次结构中，就像我们经常对动物和许多人造物进行分类那样。我们还可以用因果关系将它们联系起来。我们可以同时做很多事情，比如通过空间、层次和因果关系支持知识的留存和增加，就像机械论陈述的那样。

丰富的知识结构能够增强记忆力和注意力，而其增强的方式有助于打破执行功能较弱所带来的局限性。心理学家米基·池（Micki Chi）和 5 岁的国际象棋专业选手（每个大城市都有几个）展示了记忆力的显著提升。这些年龄较小的专业选手与成年新手相比，能够轻松记住比赛过程中更多的棋子位置。小恐龙专家也拥有同样的记忆力。[34] 孩子们能够在已有的知识结构中嵌入新的记忆任务，并用该结构增强记忆。然而，成功仅限于特定的领域。年龄较小的国际象棋专业选手的确能比成年新手记住更多的棋子位置，但当要求他们回忆跳棋棋子在棋盘上的位置（假设双方都不是跳棋专业选手）时，他们表现得比成年新手要糟糕得多。

知识在更大的领域也在增长，比如那些被核心知识系统覆盖的领域。自学龄前起，孩子对物理学、心理学、生物学的了解逐渐加深。课堂上所讲的动物可能被分类，变得更有体系。孩子可能会将狗区分为各个不同的品种和亚品种。与此同时，孩子还可能会将狗划分到犬类，进而划分到哺乳动物的行列中。在每一个等级中，孩子都会将知识的各个元素联系起来，让动物的属性保持连贯性。他们可能会了解到，就与人的互动方式而言，狗与猫是不同的。即使从表面上看哺乳动物间存在极大的差异（比如鲸鱼和老鼠的差异），但孩子仍然会发现哺乳动物之间惊人的共同点。每一个领域的概念性转变都是自发且独特的。某个领域（比如生物学）的因果规律会对知识结构随时间改变的方式产生特殊的影响。

知识结构的发展会受到软性限制和硬性限制。软性限制包括来自证据的压力，比如我们看到的哺乳动物通常有明显的四肢，这种证据会令我们难以想象海豚也是一种哺乳动物。硬性限制通常与核心领域有关。固体无法相互渗透，或者无法在有距离的情况下互相影响。当遇到违背硬性限制的情况（比如心灵感应）时，我们会感到难以理解。当有需要时，执行功能可能会打破软性限制甚至硬性限制。

概念性转变模型的含义

当研究人员讨论知识增长时，通常是指概念性转变。概念性转变有好几种含义。概念性转变可以是对某个结构的逐渐辨识，比如在动物的等级树上添加越来越多的分支。概念性转变可以是归纳，比如假设猫的消化体系适用于所有的动物。概念性转变也可以是一种顿悟，比如突然发现一套精心设计的知识体系竟然与新的领域相关。想象一下，当你意识到珊瑚是一种动物而不是岩石时，会将一整套关于动物的生物学因果关系转移到珊瑚上。概念性转变还可以是讲解一个分类时，从用一大堆典型特征转变为聚焦几个关键特征。这体现在理解词语“叔叔”时从独有特征到定性特征的转移上。[35] 在这个例子中，所有亲属词条（叔叔、阿姨、表妹、祖父等）的语义大概会同时发生变化。

最终，概念性转变会成为概念性变革，将引起多个领域的颠覆性重构。科学史家托马斯·库恩（Thomas Kuhn）在《科学革命的结构》（*The Structure of Scientific Revolutions*）[36]一书中阐述了以上观点。他讲解了理解力的转变，比如随着科学发展，人们意识到火并非由某种被称作“燃素”的特殊物质（会在易燃物被加热时产生）构成。他举过以下例子：哥白尼的日心说让人们明白，其他星球并非绕着地球转动；达尔文的进化论令人们意识到物种的进化乃是自然选择的结果，而不是出自神明之手；迈克尔逊和莫雷推翻了光必须通过介质“以太”来传播的观点，改写了光的概念，即光是一种电磁辐射，同时具有波和粒子的属性。

概念性变革会在认知发展中发生吗？变革似乎真的发生了，但是其他形式的概念性转变往往会伪装成虚假的变革。[37]比如，对珊瑚这一概念的认识转变可能看上去像是变革，直到人们发现这只不过是意识到其与另一套既定观念相关罢了。当知识或认知的新形式真正出现时，通常涉及两个领域并创造出一种新的理解形式，这种新形式与此前两个领域已有的知识或认知完全不同。这种转变也可能发生在孩子身上，即孩子通过提升语言技能将对算术各组成部分的理解结合起来，产生了对自然数概念的新理解。当婴幼儿将更为简单的概念，如“代理人”（agents）和“社会人”（social beings）相结合，就创造出了“社会代理人”（social agent）的新概念，大概 12 个月大的婴幼儿就能做到这一点。[38]

以上这些变化，无论是适度的、渐进的，还是戏剧性的、变革性的，都不容易令人联系到从具象到抽象思维的转变理论上。在各种概念性转变过程中，抽象和具象概念通常是以各种各样的形式交织在一起的。孩子在学习鲸鱼是哺乳动物时，不只是学习了一个新的具象或抽象信息，还在学习如何将这两个概念之间的关系运用到新的领域。具象特征可能在发展早期占据优势，但在其他时期，孩子可能会从抽象特征入手，然后终其一生来填补具象的细节。[39]

因此，一些流行的概念性转变理论包括几种截然不同的类型：辨识、归纳、顿悟。仅凭第一印象并不总能一眼就看出有哪种变化发生。此外，几种不同类型的变化可能同时发生。要想弄清楚发生了哪种概念性转变，就要在足够了解的前提下仔细观察孩子，并增加和孩子互动的时间。我们要拒绝传统的认知发展阶段论，从而减少教学的伤害，无论它看上去有多么吸引人或者被包装得多么好。

缺陷幻象导致的教学

> 婴幼儿期的认知活动为小学阶段及之后学习科学提供了强大的技能。有关儿童思维的错误观点将会损害这些早期能力。当孩子们开始接受课堂教育时，通常会发现教育方式和自己在婴幼儿期学到的方式是冲突的。

各领域普遍存在的阶段假设引发了孩子会被限制的观点。这种观点认为儿童思维存在缺陷，教育的任务就是弥补这些缺陷。[40] 这些缺陷可能导致一系列的错误概念，比如认为地球是平的。这些错误概念被假定为衡量不同的不成熟思维模式的定性指标，比如具象思维模式。当父母、教师、童书作者、科学博物馆的员工都将注意力集中在孩子做不到的事情而非孩子能做到的事情上时，会更容易把对孩子的科学教育当作具象的简单事实和令人兴奋的展示的组合。顺着这个思路，许多评估将焦点放在对事实和表面关系的重现上。

可教授的科学以及对事实的陈述

对具象的强调（或者其他配合对应阶段的建构）会导致将科学教育等同于传授物理事实，比如：太阳又大又热，蜘蛛有 8 条腿。这种教学减少了孩子们的学习机会，这些机会不仅包括对事物间相关性的内隐学习（implicit learning），还包括学习抽象的因果关系以及如何将它们联系起来以形成各种世界认知模型。因此，孩子在系统地研究一个新玩具好几小时之后，可能会发展出一种认知模型，他会认为这个玩具是电池驱动的，电池会一点点地掉电，这会令玩具的速度变慢。但是，这并不意味着人们应该忽视口头指导，让孩子靠自己去探索发现。心理学家戴维·科拉尔（David Klahr）等人证明了，不仅引导式探索有明显的好处，直接传达事实和因果关系也是有益的，前提是把它们植入适当的目标和学习情境中。[41] 比如，学龄儿童在某种程度的直接指导下能够设计出逻辑更缜密、更有创意的科学展海报。在探索发现中，全身心投入的搭档会大大地加速学习进程，尤其是当这些搭档懂得如何温和地引导孩子学习自己感兴趣的事物的核心特征时。这就是唐纳森的观点（详见

第 1 章），她提醒人们，学校的教学指导与孩子们的思维发展不匹配。

当教学指导关注的是学习具象事物和容易统计的事实时，就会有损评估。许多测试只是考一些课堂上教过的内容。

> 最令人记忆深刻、最持久的学习模式可能是在玩中掌握抽象的因果关系和各种机械系统的原理。如果仅仅测试孩子是否记住了各种事实性细节，那么当他们没记住的时候，学习的积极性就会很受打击。如果测试他们新获得的对复杂事物的直观感受，对不同解释的可行性的判断，以及重新学习旧内容或学习相关新内容的能力，他们可能会颇受鼓舞。[42]

询问孩子是否记住了发动机零件的名字和颜色可能会令他们感到沮丧和受挫。询问他们哪种发动机配置会运转得更好，才能揭示实质性学习的真相。

如果我们在评估孩子的认知能力时，以衡量他们最不擅长哪些方面（比如说出事实性信息）为基准，同时忽略他们在哪些方面具有更强的学习能力，我们就已经有意让他们失败了。毕竟，就连还不具备语言能力的婴儿都能学会各种抽象关系并运用这些知识推断新的事物。幼儿并不总是能学会大龄孩子所学的东西。当我们把记住具体细节当作学习的本质，复述事实就会变成测试的核心，这会使曾经极其喜欢科学的人丧失学习动力。我们一定不能将评估仅仅当作检查教育质量的可控性工具。评估深深影响着孩子的受教育体验、学习目标、学习兴趣。

转变的缺失——仅有好的教学意图是不够的

儿童思维存在缺陷的观点有着不易察觉的具有破坏性的影响。即使再好的教学内容，若是在这一观点的影响下设计的，那也达不到教学效果。教育体系中成百上千不同水平的人将精心设计的课程指导当成实践，这令所有人对教学的最终结果大失所望。比如，现在一些幼儿园和小学一年级通用的教材。美国于 2013 年 4 月发布《新一代科学教育标准》（*The Next Generation Science Standards*）。《新一代科学教育标准》囊括了各种令人颇受启发的观点，这些观点都建立在我们之前提到过的研究基础上。我和许多同事在美国国家级别的委员会任职，这些委员会贡献了一些有助于生成这些标准的报告。[43]《新一代科学教育标准》强调核心课程观点的连续性，比如“从植物到动物再到构成它们周围事物的系统”的课程设置。这些标准提倡对学习进程进行阐释和深度思考。这些标准高度强调了因果思维和机制性思维，还表示运用这两种思维习得的知识能够促进学科内部和跨学科之间的理解。[44]核心课程观点覆盖的范围有：物理学、生物学、地球与太空学、工程学。（不清楚为什么要将地球与太空学列在像物理学、生物学、工程学这样的基础性学科列表里。）

《新一代科学教育标准》强调“有关跨学科的各种观念”，比如原因与效果之间的关系，这似乎与所有学科都相关。《新一代科学教育标准》还强调学习科学实验，比如如何收集和评估证据，形成各种假设并验证这些假设。人们在低学段就开始强调抽象的重要性了，但是这一观念并未发展起来，在大多数教学材料中也并没有明显的体现。你可能会期待人们对孩子在课堂上展露的认知天赋极其关注，比如他们对生物现象和物理现象的认知，他们对人造物不同属性的理解。你也可能会期待学龄前儿童在寻找和评估原因、信息，以及解释架构过程中会运用各种技能。你肯定想要利用他们的能力来进一步了解认知力，并思考因果模式。这一切都可能为进一步的引导搭台。但是，尽管《新一代科学教育标准》明确认同幼儿期的技能，却没在学校的课程设计上起多大作用。

《新一代科学教育标准》官网极其认同创建好的课程设计和评估体系存在各种挑战，但没提供几个课堂示例以供参考，也没提供有关评估体系的参考案例。如果这种方法能够培养创造力和关联性，则是值得称赞的。但是，这么做同样存在风险：这些引导可能会被错误的认知发展观点歪曲，并且被有些教学能力跟不上教学计划的人误解。认知发展阶段论隐性和显性的假设、具象思维、缺陷学说都很流行。连《新一代科学教育标准》中幼儿园阶段课程核心观点的引导都严重低估了孩子在课堂上的表现。比如，《新一代科学教育标准》教孩子的一个核心观点是“当物体与物体发生接触或碰撞时，它们会彼此推动并可能会改变动作”。这节课的意义在哪儿？我们从许多研究中知道，即使是还不具备语言能力的婴儿也已经掌握了相关知识。我们观察到，学龄前儿童甚至能够想象出反事实轨迹。

教授幼儿园的孩子“当物体与物体发生接触或碰撞时，它们会彼此推动并可能会改变动作”这一内容，是为了让他们能够更清晰地陈述出来，以便更了解力的形成原理吗？可能是吧，但教师不够了解这一点。小学低学段的教材通常都是在重复学龄前儿童已知的事实，比如推和拉效果不同，天气预报能告诉人们坏天气是否会降临，要用闪光灯才能拍到黑暗中的物体，大物体需要由小部件构成。这一切都可以通过有趣的方式来传授，但学校很少会这样做。

评估也同样让人失望，这些评估通常关注的是对事实和定义的回顾。不同于其他州的教育部门，弗吉尼亚州的教育部愿意发布前几年的试题，这些试题与《新一代科学教育标准》的目标相符。这里有几道从三年级测试中抽出的样题：

下列哪个选项对金属勺子的质地描述得最佳？（　　）

A. 小　　B. 光滑　　C. 有弹性　　D. 闪亮

当笔记本里的一张纸成了飞机，它的哪一物理属性改变了呢？（　　）

A. 质量　　B. 重量　　C. 形状　　D. 味道

风向标显示了什么？（　　）

A. 风向　　B. 气温　　C. 云量　　D. 气压

最后一道题是以“告诉孩子他们可以通过五感收集不同种类的信息”这一教学目标为基础的。但是这道题真的能够评定课堂引导激发了重要的新点子吗？三年级学生，甚至是中学生的测试内容都是独立事实、定义、简单的非因果关系（比如截然不同的差异）等需要死记硬背的内容。这传达出一个信息，就是你在课堂上有许多事情是不可以做的。

许多早期的引导都是在要求孩子根据不同属性分类，比如根据形状、大小、颜色分类，并展示运用尺子、秤等简单工具的能力。要求孩子会数数也是常见的。要求孩子掌握因果关系却很少见。虽然教学目标很崇高，但实际教学很少能够达到这一目标。

以《新一代科学教育标准》为框架，并走在了这些标准前面的学区通常会揭示关于认知发展阶段论存在局限性的假设。我所在的康涅狄格州揭示了下列次序，其他州也揭示过相同内容。[45]

幼儿园至二年级：对自然界持续感到惊奇，观察、描述、运用基本技能的能力增强。

三至五年级：描述基本自然现象的能力增强，做简单的实验和准确记录数据的能力增强。

六至八年级：对自然现象进行解释的能力增强，提出好问题、根据实验步骤收集和分析数据的能力增强。

九至十年级：对全球问题更感兴趣，收集、分析、运用数据来探索和解释相关科学概念的能力增强。

我们是不是得等到六年级之后才能引导孩子如何进行解释，以及如何提出好问题呢？我们知道学龄前儿童也很渴望听到好的解释。此外，他们对某些解释有强烈的偏好。他们常常问“为什么”“如何”等问题，并期待能够得到高质量的答案。他们可以对许多自然现象做出描述，并且进行简单的实验。我们虽然不了解他们对全球问题感兴趣的程度，但他们一定能够明白如污染、海平面上升等全球问题。我们一开始不需要特地引导惊奇的发展，而应该集中精力保护和培育孩子的惊奇。我们不该展示反映成熟预备期①的认知发展阶段论的次序，而应该将解释能力、描述能力、兴趣和惊奇看作孩子带到课堂上的天赋。教育应该让孩子掌握这些影响深远的能力，并展示这些能力能够以越来越复杂的方式互动。教育不用将这些能力灌输给无助的孩子。当孩子试图理解世界的时候，这些能力是基础。

① 发展心理学术语，指个体在生理和心理上为学习或参与某些活动做好了准备的状态，通常涉及孩子在特定发展阶段是否具备了进行某项学习或活动所需的认知、情感和生理条件。——编者注

欣赏孩子的课堂表现

> 当成年人不再认同儿童思维被认知发展阶段禁锢的学说后，我们就开始思考孩子学习的其他途径以及什么教学方式对孩子的学习最有利。我们不再仅仅聚焦于直白的知识，也不再强调像成熟预备期这样的观念。我们不再将孩子看作有一堆错误概念的人，认为必须消除这些错误概念，并以正确概念代替，而是会基于孩子们已有的能力让其理解周围事物。

那么幼儿期的科学引导应该是什么样的呢？课程可以贯彻《新一代科学教育标准》的目标精神，如果了解孩子所知道的知识并允许他们体验和拥抱种种复杂的现象，那么对他们未来的学习会更有益。课程应该运用评估体系，评估学生在引导下得到的最有价值和最有用的见解。课程还可以使用一系列引导策略，其中许多策略都是以给孩子提供针对各种现象的详细解释为核心。

我们应该帮助孩子培养自身能力，让他们了解自然和物质世界是如何根据共同的潜在因果模式而被划分成有意义的领域。许多幼儿园的孩子可能不知道鲸鱼和海豚不是鱼类，而是哺乳动物。研究文献建议我们这样引导他们：给孩子提供有关哺乳动物潜在进化过程和因果路径的信息，并提示他们为什么这些信息特别重要。把珊瑚归类为动物也可以进行同样的操作，这种更细化的分类方式同样适用于把无脚的蜥蜴从蛇科动物中剔除。要把信息和融合各个属性的解释联系在一起。

> 我们不应该试图隐藏复杂性，要允许孩子惊叹于自然界固有的复杂性，就像几百年前科学家发现了新的领域那样。打开汽车的引擎盖，让孩子看到里面的机械构造和运作机制。同时令他们明白，不需要了解运作机制的所有细节，没有人会这么做。我们应该教他们如何在粗略层面上尽可能地获取本质性的理解，以及如何切实理解不同层次上会有不同解释。这会令他们确信自己学习目标的可行性，充满激情地学习和探索。

当我们展示所有的复杂性和层层的复杂结构时，也在试图说明影响一切的简单的统一原则，比如能量守恒，它们与复杂系统中具有不同功能的稳定组件的价值共存。[46] 如此一来，学生能更好地理解理想化事物和模型。当我们能够理解某一事物的复杂性并了解促使其形成的基本原则，科学就能够大放光彩。比如，在解释内燃机运作的细节时，我们会指出工作原理是利用包含在某些化合物（比如汽油）中的巨大能量，将失控的爆炸转化成能够轻松调控的转轴运动。

对学习能力的评估不应该过度强调定义和检索事实，只有当与更大范围的因果关系和元数据库有某种程度的联系时，评估才有用。孩子们需要了解抽象事物和简明的要点，以此来分辨谁是好专家，谁是坏专家；需要知道哪些是跟重新学习旧内容相关的，从而更轻松地学习相关新内容；需要问出更有深度的问题以增进理解，并令强烈的好奇心不断地得到满足。某些形式的引导可以很好地契合这个方向。比如，当我们对比案例时，可以运用差异性案例进行引导。如教育研究家丹·施瓦茨（Dan Schwartz）提出的，[47] 对比不同案例能够揭示起初看似是同一类事物实则是不同事物的奥秘。

教师运用案例对比时，可能会展示同一大小的海豚和鲨鱼。当教师要求学生仔细观察时，学生就会发现两者之间的不同并意识到这些不同很重要。他们可能会从视频中注意到海豚和鲨鱼的游泳方式不同，海豚的游泳方式跟它呼吸孔附近的动作协调一致。只需要稍微引导一下，他们就会发现海豚的各个特征与这些紧密相关，而鲨鱼并非如此。这种引导技巧能够自然而然地帮助孩子掌握更加抽象的知识，并且很适合最佳评估体系。[48] 案例对比的设计要深思熟虑，还可以使用一些微妙的辅助性暗示。总而言之，这些对比如果能达到最佳效果，就能够很好地激发围绕每个主题的新的被清晰表达的惊奇。对表面上类似的案例进行对比可能会引发一个问题，即涉及哪些更深层次的对比机制。这些方法能够加强元认知意识，因为它们能够令学习者评估自己需要如何反思和打破第一印象。[49]

当前的科学教育也关注实验设计的基本要素、数据解读以及科学的本质。[50] 这些方法很大程度上是跟惊奇正相关的。学龄前儿童不需要知道太多如何做科学研究的知识。不过，惊奇的增强会促使做科学研究的各项技能发展。当对“为什么”和

“如何”这些问题越问越深入时，人们不免就会开始更直接地思考证据和方法了。元认知意识也会增强。[51] **如果一个孩子对各种机制有了更深刻、更充分的理解，那么在如何做科学研究或研究科学的本质上，我们就不需要花费太多时间给予其明确的引导。**我在麻省理工学院读本科时认识的主修科学类和工程类专业的学生，没有一个人上过关于科学的本质和常规研究方法的课。他们在高中也没学过此类主题。然而，他们从小就对科学着迷，已经吸收了大部分需要的知识。比如，一个孩子注意到，每当有人敲前门时，新的安全探测器就会发出警报。这个孩子可能会好奇到底是敲门的声音还是可见的动作引发了警报。他可能会做个实验，先站在门口假装敲门但不发出任何声响。然后，再播放提前录好的敲门声，人却不在门口。他会将两种情况进行对比。如果是动作引起的，他会再深究到底是哪个动作引起的。如果鸟儿聚集在一个新的喂食器周围，那么孩子可能会改变鸟食的形状、颜色和味道，以此判断是哪个因素主要导致了这种现象。

这些非正式的实验可能并不总是需要完美的变量拆解，只要他人提供一点帮助，并且给予孩子理解机制的推动力，这些实验就会自然而然地涌现并越变越精细。有一次，许多孩子组队对纸制滑翔机的不同设计方案进行实验，试图做出从同一高度出发，直线飞行距离最远的滑翔机。当注意到机头的重量、翼幅、机翼形状、机翼倾斜度等不同的变量后，这群好奇心重的孩子通常会更仔细地独立控制每个变量，并匹配初始起飞条件。有时，他们需要父母或其他感兴趣的成年人给予一点提醒，指出要有几个变量同时改变并需要分开处理。一段时间后，他们又从其他人那里得到帮助。这些人会问与这些变量相关的问题，这些变量已经发展成了思考生物学和设备时非常自然的一部分。说实话，这一过程的形成不容易。存在的变量可能非常多，且彼此间的关系很复杂。在这种情况下，能够帮上忙的成年人会为孩子们如何梳理拆分各种事物提供宝贵的建议。

课堂之外

上述学习并非只能在课堂上进行。科学博物馆是极好的潜在信息环境。世界各地的科学博物馆都有各种吸引眼球的展览，而且经常推出令人惊叹的活动。在那些活动中，物体“嗖”一下变成了火焰和烟雾，化学混合物迅速地改变大小、颜色和质地，物体悬浮在空中。我以参观者的身份去过好几十家科学博物馆，也以研究者的身份到访过许多其他的博物馆，还曾参与建造博物馆。我十分喜欢那些令人惊叹的展览。令人遗憾的是，一些科学展览只对展品背后的科学原理提供口头讲解服务，并且这种讲解方式就像药品广告末尾低声念出的用药风险提醒一般，虽尽到了义务但匆匆忙忙，很容易被忽略，因为不想令人们分心。在一个普通的展览上，讲解员和观众在触碰范德格拉夫起电机（Van de Graaff generator）① 时头发会竖起来，但是通常没有关于这一现象的清晰易懂的解释。当科学价值从属于博得喝彩从而被人们遗忘时，展览便有了危机。这种讲解会误导观众以为科学就是娱乐和游戏，类似于观赏性的体育运动。如果有些人以这种先入之见学习科学，他们注定会失败。此外，这样的讲解会透露出一种优越感、一种居高临下的态度，不能通过激发惊奇而令孩子真正参与其中并有所收获。[52]

相反，如果科学博物馆的展览办得好，就能令参观者主动地参与其中并有所收获，这一效果也是纽约州伊萨卡科学中心追求的目标，该中心初建于 1992 年。这一目标的设立是受到了伊萨卡科学中心创始人黛比·莱文（Debbie Levin）和伊玛·莱文（Ilma Levin）的启发。为使教学方法落地，二人花了 15 年时间在伊萨卡的各个小学开展义务科学项目（见图 5-2）。她们学会了如何将参与讲解与促人深思、激励惊奇相结合，保证了令人兴奋的讲解不会让背后令人着迷的科学黯然失色，或者被取代。她们的目标是“激发孩子对科学的惊奇和热情”。

在科学讲解中融入趣味性是很好的，只要不喧宾夺主就好。由此我想到如何在古典音乐中添加“乐趣”，却不会令音乐变得低俗。在耶鲁大学，每年都会有一场备受喜爱的万圣节秀，由耶鲁交响乐团的天才成员表演。交响乐团成员穿着古怪的衣服，弹奏着美妙的古典音乐和流行音乐，为那些讽刺耶鲁大学或时事的无声表演配乐。活动总是座无虚席，包括振奋人心的古典乐表演。没人认为这是为了迎合低俗口味，这种有趣的方式反而提醒了观众，这些才华横溢的音乐家也是群体的一员。同样，当科学的呈现用了夸张的方式来吸引观众，我们不要以消极的态度待

① 一种用来产生高压静电的装置。范德格拉夫起电机通过传送带将产生的静电荷传送到中空的金属球表面。——译者注

之。初中时，我参加了一场讲座，演讲者先播放了一个捕蝇草捕捉猎物的视频。这些猎物通常会为挣脱叶片末梢的捕虫夹而做无谓的挣扎。以夸张的音乐为背景，这个开头真是吸引人。但究竟是什么让我约 60 年后仍旧对这个讲座记忆犹新，才是接下来我要说的事情。演讲者问大家，这个植物是如何捕获昆虫的？它是如何知道昆虫已经就位并及时关闭陷阱的呢？它是如何移动陷阱的呢？它有大脑吗？它有肌肉吗？和我们这些专心致志的孩子打趣了几个来回后，他揭示了一些复杂的底层机制。他甚至问到这一机制如何进化。这些详细的阐释令人惊叹，现在新发表的有关猎物探测和陷阱闭合的分子学说的一系列论文也揭示了更多相关信息。[53]

图 5-2 黛比 · 莱文（左）和伊玛 · 莱文（右）

资料来源：Sciencenter。

关于捕蝇草的讲解富有成效，是因为它未曾隐藏底层机制的复杂性。这个讲解以这一复杂性为乐，并描述了帮助理解复杂性的简要原则。自此以后，我就开始对食肉植物着迷。我也没有低估那些撰写原创期刊文章所需的技巧，这些技巧既要使读者能够明白所讲述的内容，又要使他们乐在其中。我们一起来看看 2016 年刊登在《基因组研究》（*Genome Research*）期刊上的一篇相关论文摘要[54]的语言特点：

> 捕蝇草的陷阱的转录组景观（transcriptomic landscape）在昆虫触发捕获机制时发生了剧烈变化，转向了信号传导和营养物质传输，尤其是触碰

> 捕蝇草所导致的激素信号释放，以及蛋白质分解占据了主导。与此同时，还伴随着细胞死亡相关过程的抑制，以及对于一般防御反应的大量诱导。我们假设捕蝇草属的食肉特征是由于古老的防御方式的功能变异而来的。它以营养吸收代替了细胞死亡。

可能有些生物学家会对“转录组景观”这个词感兴趣，但是我想大部分人不觉得这篇文章有多么吸引人。有天赋的科普作者会探索技术性很强的期刊论文，然后把这些论文转化成能够充分展示系统及底层机制的美妙和复杂性的浅显易懂的文章，但像这样有天赋的作者实在太少了。只要能揭示大自然奇妙的运行机制，使用炫技式的开头也是可以的。这些启示既能滋养原有惊奇的发展，又能激发出新的惊奇。如果那个 1962 年介绍捕蝇草的演讲者只展示了残酷的捕食过程，我敢肯定大家的兴奋劲儿不一会儿就消失了，他所展示的一切也会被抛诸脑后。

大部分科学博物馆、科学电视节目、公共演讲者都没有刻意将传播的信息简单化，以适应低龄的观众，反而是把孩子当作具象思维者并受限于无处不在的早期学说，这样更容易出问题。秉持着这种不可信的观点，成年人试图以自己的方式和孩子们对话。遗憾的是，有关儿童思维的错误观点经常造成大多数展览让孩子看得云里雾里的，实在乏善可陈。

我们如何解释很关键。最好的解说者对相关话题有着丰富的知识，或者至少知道谁了解相关话题。他们已经明白了哪些依据能为更深入的思考提供支持，而不是成为阻碍。他们乐于承认自己不知道问题的答案。然后，他们会描述什么人才能回答出来，或用兴奋和故弄玄虚的口气，告诉你还没人知道答案。这种知识上的谦逊态度是科学家们彼此间交流的最佳传统。

很明显，孩子不能表现得像成年人一样。即使我们对幼儿园的孩子抱有更积极的看法，他们也不可能在大学课程中脱颖而出。微分方程并不适合幼儿园的孩子学习。合适的课程设计应该建立在早期学习过的知识之上，就像没有墙壁的支撑不可能有屋顶一样。不了解基础的运算，你根本学不会微分方程，而且学习微分方程还要求具有代数知识。

足够的记忆储存空间（大概是一个人每次有意识进行粗略记忆的信息数量）也相当重要。比如学习如何用形式逻辑构建证据，要求一次记住好几种关系，可惜这种能力在二十几岁的时候就到达顶峰了。这就是为什么许多人在大学学习逻辑学和高等数学时，会感到可以同时处理好几种信息关系的记忆容量变小了。因此，他们可能会觉得解决新问题越来越困难，但他们经常能以巧妙的方式弥补这一点。年长一点的科学家遇到的挑战能够让我们理解孩子遇到的相关挑战。

早期 STEM① 学习的引导

我们横跨了多个领域，最终得出一个有点令人沮丧的结论，即科学教育在课堂内外经常出现问题——惊奇被忽视了，孩子们变得不喜欢甚至回避本该促进成长并带来乐趣的情况，因为这些情况常常反其道而行之。目前已有许多积极的替代方案，我认为，由此前讨论得来的 3 个指导原则可能会对想要提升 STEM 学习兴趣的人有用。

原则 1：关注孩子们能够做到什么，而不是做不到什么。孩子们有强大的认知力，课程和教学实践应该与之产生共鸣，而非与之冲突。认为孩子根本不能理解某种特定概念或知识的人，请务必三思。重新思考一下就会发现，孩子遇到的各种困难可能都与所谓的发展早期阶段无关。与其把他们当成认知力与我们不一样的群体，不如暂时把他们想象成完全不同文化下的成年人。你不会在认知上屈从于他们，但你会关注他们是如何解读学习情境的。打这个比方可能不是特别恰当，却能够让你重新思考到底是怎么回事。

原则 2：不要把自己放在“信息播报员”的位置，以学生能够重复多少内容来衡量成绩，也不要把自己放在“啦啦队队长”的位置，热情鼓励学生做他们想做的事情，完全让他们独自探索。这两种极端方式都不如把孩子当成同伴，朝着共同的

① STEM 是科学（science）、技术（technology）、工程（engineering）、数学（mathematics）四门学科英文首字母的缩写。其中科学表示认识世界、解释自然界的客观规律；技术和工程是在尊重自然规律的基础上改造世界、实现与自然界的和谐共处、解决社会发展过程中遇到的难题；数学则作为技术与工程学科的基础工具。——译者注

目标，一起探索潜藏的能够解读的因果关系。这里的同伴并不是严格意义上在所有方面都平等的合作伙伴，但它认可结对子的两个成员都有很多东西需要学习，并且每个成员都能以协作的方式为探索和发现做贡献。对于一个有 20 个甚至 20 个以上孩子的班级来说，很难做到这一点。但有些特别有天赋的教师会找到方法在几个不同层面建立探索过程，以此来确保每个孩子都能够通过课堂内容参与其中并收获真知，任何人都不该轻视为此用到的技巧和付出的努力。

原则 3：请记住孩子在家是多么喜欢问一些“如何”“为什么”之类的问题，并能得到有实质意义的答案。针对幼儿园大班的孩子，教师可以记录下来他们在课堂上自主发问的次数，并努力去了解他们在家中提问的频率。教师也要向自己提问，而不是只向学生提问。在惊奇的驱使下，教师和学生一起寻找答案，同时鼓励他们完善问题，当原来的问题已经得到回答，就鼓励他们提出新的问题。如此一来，教师自然就会关注潜在的各种因果模式，而不是仅仅关注一系列具体的事实。

我们可能看到许多具有吸引力的观点都支持思维从具象向抽象转变的理论、认知发展阶段论、缺陷学说等。然而所有这些观点都只是过度简化的曲解。由此发展出来的大部分理论都涉及执行功能的日益增强以及知识的增加，在二者循环作用下相互促进。知识的区分和概念性转变在特定的领域最明显，并不是全面代替了大脑对信息的表征和计算结构。错误的观点会严重影响成年人教授孩子们科学知识的方法。这不仅会导致引导无效和误导孩子的情况，更糟糕的是，错误构建的目标和评估会打击孩子的学习驱动力，并扼杀其概念认知力的发展。

当我们认为孩子是在极其有限的认知力下进行一些对他们而言不可能的思考时，其实会妨碍他们做自己最想做的事情。他们去探索、发现和学习的驱动力可能会被击得粉碎。如果你与他人讨论和交流的信息仅限于事实和可观察到的事物，你会感到“抓狂”。尽管成年人尝试给孩子的认知设限，但是孩子的内驱力非常强，他们通常会反抗，并设法靠自己保持惊奇，在一段时间里这会有用。

第 6 章

标准化教学误导学习动机

2018 年 3 月 6 日，美国公共电视网[1]的一则广播是这样开头的：“许多幼儿园教师很怕教授 STEM 课程。”一位教师表示，有时候，孩子们无拘无束的“惊奇”会让他对教授某些科目感到非常焦虑，比如科学。这位教师的原话是：“我会更关注阅读，而不是科学，因为我觉得科学很复杂。”还有一位教师说：“我不擅长教科学。我就是单纯地对它感到不舒服。”即使是教物体如何从斜坡上滚下来这样简单的原理，一些教师也深感担忧。研究员莱斯杰 · 斯巴尔彭（Liesje Spaepen）是这样评论的：

> 我们总是听说，教师从事早期教育是为了逃避教数学和科学课程。如果你害怕某个课程，或是对某个主题感到焦虑，那么你就不太可能教好你的学生。问题是，像这样的焦虑是会传染的。如果我对某件事情感到焦虑，学生就会在我身上看到这一点，他们也必然会因此感到焦虑。

教师对待科学的态度会感染他们所教的孩子。许多研究都充分证明了这种影响。[2] 这样的传染效应可能会以一种令人痛苦的方式呈现出来。

> 孩子们可能会从教师的情绪中感知到“女孩不擅长学数学，而男孩擅长”的观点。[3] 持这种观点的不仅仅是教师，成年人普遍有这种想法，这些成年人曾在人生的某个阶段将科学视为只有少数特殊人群能涉足的领地。

不仅在教学中，在更广泛的文化习俗中，成年人都可能会破坏孩子对科学的内在兴趣。教师、父母、兄弟姐妹和其他成年人与孩子互动的方式反映了其对科学的看法，他们会传递给孩子许多关于科学和技术的负面设想。博物馆设计师、童书作者、玩具制造商、夏令营辅导员和教堂牧师等许多领域的人也会传播这些负面设想。

成年人怎么会回避孩子如此感兴趣的话题呢？大多数小学教师在大学时都不是主修科学的，许多人承认自己对科学的态度很矛盾。他们觉得科学令人生畏，并怀疑自己在这方面的能力。正如一位心灰意冷的科学教育工作者数年前对我说的那样，孩子能“嗅到教师对科学的恐惧”，因此他们会不由自主地对科学话题谨慎起来。当这样的信息在餐桌上、教堂里和运动场上被反复强化时，孩子们自发的兴趣就会被压制。这导致许多孩子对科学话题失去了兴趣，甚至越来越疏远。[4] 他们长大后，又会将自己的观点传递给下一代，从此进入恶性循环。

上述现象并不是在当今世界成长的必然结果。我们都遇到过一些成年人，无论是否受过高等教育，他们都快乐地沉迷于科学。多年来，我一直住在纽约州北部一个特别偏僻的农村。我曾遇到过一个汽车修理工，他没有读完高中，但对科学和工程学有着浓厚的兴趣。他住在距离伊萨卡将近 50 千米的一个破败的农场里，在那儿的谷仓里修理汽车。他修车的手艺越来越好，很快就能修理各种各样的汽车，后来还能修理船只的发动机。接着，他开始自己制造飞机，在牧场里凿出了一条跑道，很快他就能驾驶那些奇妙的装置飞越山丘。每当我开着一辆破旧的汽车去找他时，我都觉得自己应该钻研几个领域最新的发展现状，这样才能和他有一次像样的交谈。他热衷于了解所有事物的工作原理，无论是人造的还是天然的。不知何故，他自小就对这些东西深深着迷，并且似乎感染了他的孩子们。

我们讨论了“动机困惑”（motivational muddle），探究了为什么许多孩子在学龄初期就不再对事物感到惊奇了。我们要问的是，社会环境是如何削弱他们的提问倾向的，以及为什么成年人有时试图激励孩子们更积极地参与 STEM 课程，结果却适得其反。是什么导致一些孩子对科学失去兴趣，甚至不喜欢整个知识领域？为什么有些孩子热衷于持续深入地钻研内在机制，而有些孩子却会退缩并回避此类探究？在孩子的选择上，成年人发挥着巨大的影响，不仅体现在他们自己如何对待科学和技术上，还体现在他们如何激励孩子上。

人们对 STEM 课程的态度在很大程度上受自身教育经历的影响。小学教师如果能在就职前获得更多生物、物理等领域的学科知识，就会对教授科学表现出更强的信心，并获得更多的愉悦感。[5] 随着学科知识的增加，他们会知道如何让自己的学生对物理和生物有更深入的认识。在为成为教师做准备时，对教学内容的深入理解与学习教育理论和实践以及学习发展心理学同样重要。但教师的问题并不是主要的，他们只是反映了很多人对科学和技术的看法。

对孩子心智的错误看法将导致助长孩子无能感的评估结果，孩子由此就会对科学产生消极的态度。早期科学教育大多侧重于学习名称、显著的特性和类别。我们可能会讨论因果关系，但很少为孩子提供类似于“机械工具包”的东西来理解世界。相反，因果关系仅限于“动物适应环境”“动物和植物需要能量”“因先于果”等一般性的观点。大部分教学内容都集中在科学过程上：测量、分类和排序。一些课程则年复一年地强调科学证明的重要性。我们剥夺了许多孩子探究最想要了解的科学要素的权利，即解释一个事物的可观察特性以及它为什么会有如此表现。约 40 年前，当心理学家唐纳森、蒂泽德和休斯描述学生在校期间丧失兴趣的情况时，他们反复强调，大多数的传统课堂是如何将孩子与成年人之间由惊奇驱动的互动式提问，转变为由评估驱动的提问的。[6] 教师直接向孩子提问，以检查课堂上有效传达了哪些科学知识。结果，孩子对教师的提问消失了。除了评估孩子的外部压力，与孩子共同提问、探索和发现，对许多教师来说似乎也是不堪重负的挑战。对科学感到矛盾和焦虑的心态更让他们力不从心。

美国在2013年针对K-12科学教育发布的《新一代科学教育标准》的目标方向是正确的。但它与许多教师、管理者和父母的信念和态度不太一致。即使一致，它所传达的科学机制也太少。更糟糕的是，当我们对学生的科学知识进行评估时，可能会损害而不是培养学生的积极性。如果一项评估只是考查学生对事实和单一关系的记忆，那么学生要是不能持之以恒地复习这些题目，就很容易不及格。即使某个学生的成绩很好，似乎也没有什么真正的价值。被记住的事实似乎用处并不大，而且很快就会被遗忘。

> 教学应该侧重于增强孩子已有的学习相互关联的、可解释的因果关系的能力。在使用这种以解释为基础的方法时，孩子会获得一种掌控感，因为他们可以利用已掌握的知识来评估和构建解释，并寻找到更多专家级的资源。

相互关联的因果关系有助于在回忆时彼此支持，在解决问题和创新的过程中具有更迅速、更灵活和更令人满意的使用性。比如，与其列举狼的一些特征，不如解释狼的一组特征是如何帮助它捕猎的，如面向前方的眼睛和耳朵、锋利的爪子和牙齿、灵敏的嗅觉和视觉、短距离奔跑速度超过每小时65千米的能力，以及强壮的下颚，还可以详细解释这些特征之间是如何互为因果的。

当教学进展顺利时

我们都听说过一些有天赋的教师和其他成年人，在传授科学知识的同时还能激发学生的兴趣。他们虽然是在不同的环境中工作的独特群体，但表现出一些反复出现的模式。请看以下两位来自不同地区、不同学校的杰出教师：一位是全美知名的教师，另一位对我自身的教育产生了巨大的影响。

第一位教师是M. 格特鲁德·亨尼西（M. Gertrude Hennessey）修女，她是威斯康星州一所小型教会学校的教师。格特鲁德修女是一到六年级唯一的科学教师。[7]她通过研究某一领域的关键概念以及这些概念在孩子学习过程中的变化来教授科学。她与学生一起创建了与教学内容相关联的元认知叙事。格特鲁德修女认为，这种元认知意识有助于学生理解科学知识不断发展的本质，以及这些知识是如何通过讨论、提问和探索而发生变化的。这种认识反过来使他们重视并参与更多的讨论，提出更多关于“为什么”和“如何”的问题，并进行更多的探索来回答这些问题。

格特鲁德修女希望孩子们能够清楚地阐述自己的观点，并解释为什么会持这一观点。她向孩子们展示了如何发现自己想法的局限性和弱点，以及这些想法为何具有内在不一致性。她通过元认知的内在洞察力促进概念性转变。这反过来又改变了孩子们对知识和科学的看法。到了六年级，她的学生谈论科学的水平已经达到了大学生的水平。请看一位与格特鲁德修女共处了 6 年的六年级学生的阐述：

> 过去我认为，桌上的书只有一种力作用于它，那就是重力，但我并不知道，原来没有生命的东西也会反推回去……慢慢地，我的想法发生了改变，修女让我看到了宏观层面和微观层面的区别。我开始以不同的方式思考桌上的书——上一学年我是在宏观层面而不是微观层面思考问题。今年我看桌子的角度与去年不同。去年，我把生命作为重点，而现在我把分子作为重点。当我终于厘清了思路，我就能从不同的角度看问题了。我发现自己毫不费力地就想到了两种平衡力，而不仅仅是作用于书的重力……现在对我而言，平衡力随处可见！平衡力是产生恒定速度的必要条件！桌子上的书的速度为零，这意味着它的稳定速度为零。我把思维扩展到了更复杂的想法上，比如桌子上的分子会对书本产生影响，平衡力和不平衡力能更好地解释分子运动的原因，在讲解分子运动时关注匀速和变速十分重要。[8]

访问过这个班级和格特鲁德修女的研究人员一致坚称，这是孩子们的普遍说法，而不仅仅是少数杰出的元认知探索者的言论。格特鲁德修女成功地向学生展示了改变信念的乐趣。他们发现，改变有助于学习更强大的概念，看到“无处不在”的新事物。孩子们了解到，发现自己认知上的问题并加以纠正，是一种解放和赋能的过程。他们逐渐明白，发现自己原有观点的问题并不是一种失败，而是一种巨大的进步。

格特鲁德修女的学生们还对惊奇的社会维度有深刻的洞察，下面这位学生就揭示了这一点：

> 我认为学习科学就是要对这个世界感到惊奇，就是要了解世界是如何运转的，然后向自己提出具有挑战性的问题。我认为拼图是对学习的一个很好的比喻。你可以拥有全部 1 000 块拼图，但如果你不花时间把它们拼在一起，就永远看不清图像的全貌。大多数学校的学习就像收集拼图，收集完就把它们放在盒子里。教师会因为你收集了足够多的拼图而奖励你，收集得越多，得到的奖励就越好！
>
> 我们科学课上的学习与此大不相同。回到我刚刚的比喻。在科学课上，我们花了很多时间来玩拼图。有时，需要大家一起努力，才能把一块拼图拼到正确的位置。这个比喻并不完美，因为拼图只有一种拼法。但在科学领域，将科学想法拼接在一起的方法不止一种。在我看来，学习就是将想法拼凑在一起的过程。你利用自己的经验在课堂上与他人交流，构建和测试那些能够代表自己想法的模型，这些都有助于你思考如何将想法组合在一起。我认为这才是好的学习。[9]

这位杰出教师的成功不仅仅是因为注重想法、元认知和概念性转变。在格特鲁德修女来华盛顿为美国国家科学研究委员会的科学教育委员会提供咨询服务时，我有幸见到了她。我在该委员会任职期间，与她共同研究并撰写了一本关于基础研究何以与课堂科学教学有关联的书。[10] 格特鲁德修女在会议中专心致志地倾听每个人的想法，并谨慎地把这些想法整合进自己的意见中。她善于领会其他人的想法，以及洞察整个小组在概念上的发展方向。显然，她热爱科学，以及科学带来的多种研究方法，这些方法让她对所有话题都有更广泛、更深入的认识。她一眼就能注意到一些平凡的事件，比如瓶装无糖苏打水会浮在水面上，而瓶装含糖苏打水会沉入水底，并将这些作为触发概念性转变的载体。茶歇时，她兴奋地告诉我，利用苏打水的差异吸引孩子参与密度讨论是一种绝佳方式。格特鲁德修女对自己的学识始终保持着谦虚的态度，她似乎认为自己的不足为未来的学习提供了无尽的机会。她把为理解一种现象而努力改变自身观念的行为看作一次快乐的旅程，她的热情极具感染力。只要她对学生们稍加指导，告诉他们如何沿着这条路继续走下去，所有学生就都有机会找到无尽的乐趣。

第二位教师是我在20世纪60年代初的科学教师。小杰西·奈特（Jesse Knight Jr.）是我就读过的那所学校里唯一的科学教师，他把同一批孩子从四年级带到八年级。这种年复一年地记录和跟踪学习进度的能力十分难得，但是教师需要为此付出极大的努力。奈特先生（我仍然觉得应该这样称呼他）教书时总是充满热忱和快乐。整个教室的学生都像在等待一场戏剧表演一样等待他的课。他大部分时间都在说话，但我们知道，他随时有可能向我们中的任何一个人抛出问题，他的问题通常要求我们向他解释某种现象或者机制。就像格特鲁德修女一样，他全身心地投入每个学生的学习，并实时监控我们对于基本概念的理解程度。他向我们展示了即使是说教式的讲课也能让每个人都参与其中。[11] 他不是在讲台上一板一眼地讲课，而是快速地走来走去，并用炯炯的目光扫视我们，让我们觉得他能读懂我们的每一个想法。

奈特先生的课程巧妙地运用了历史。为了更清楚地表达观点，历史有时候会被加工或者简化，但作为一种媒介，它很好地向我们传授了科学的本质、无知在其中扮演的角色，以及团体合作的重要性。我清楚地记得他是如何解释内燃机工作原理的。他从化学能量的概念入手，讲述了化合物是如何在化学键中储存能量的，然后展示了这种能量如何通过破坏化学键产生反应而被释放出来。他讲解了在古代，中国人是如何首次利用化学能的。人们学会了将木炭、硫黄和硝酸盐混合在一起制造火药（其中穿插了一个关于海鸟粪和硝酸盐的趣闻）。之后，人们又学会了将火药装入容器，通过加热来引爆，从而迅速释放火药的能量——最早的爆竹就是这样诞生的。为了演示这一原理，他在课堂上通过加热少量火药的方式制造出耀眼的闪光。他解释说，如果火药被装在一个容器中，它就会成为一个威力巨大的爆竹，如果容器是金属的，就会很危险（见图6-1）。

然后，奈特先生问我们如何控制和利用这些化学能，比如为汽车提供动力（引入了功的概念）。他引导我们想到可以塑造容器的外形，使爆炸力具有方向性。之后，他在黑板上画了一个大炮，解释了中国人是如何发明火炮的，以及这种发明是如何传播到中东和欧洲的。他指出，你不可能为了开车去超市而持续发射炮弹，一定要有能够更有效地控制化学爆炸的办法。奈特先生解释了为什么这是一个历经几个世纪才解决的难题。他说，这经历了很多次失败的尝试，从而体现了失败是成功之母。

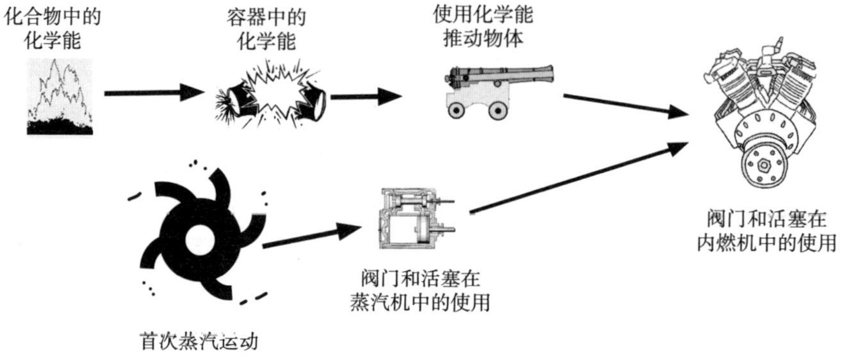

图 6-1　内燃机工作原理示意图

注：这一课程通过讲述几千年来文明的演变来教授内燃机的工作原理，内容始于人们发现某些化合物被点燃后会发出耀眼的光芒，继而发现化学键中储存了能量。人们把这些化合物放进容器，制造出早期的爆竹和炸弹。随后，人们利用化学能移动物体，如发射炮弹。这就引发了将线性运动转化为连续旋转运动的挑战。为了解释这个问题是如何解决的，教学转向了蒸汽动能以及活塞、阀门和飞轮的平行发展史。这两种持续发展的技术之间的一系列相互作用，最终促成了可工作的内燃机的诞生。

奈特先生随后故意偏离话题，介绍了与蒸汽机并行的创新是如何带来关键突破并于 19 世纪被应用于内燃机的。他介绍说，在火药出现之前，人们就已经学会利用蒸汽动能了，但直到 18 世纪初期人们开发出活塞，蒸汽动能的利用才取得了巨大进步。他从两个方面解释了活塞，一方面是活塞可以将线性运动转化为旋转运动的能力，另一方面是活塞循环往复的运动可以提供持续的动能（他还展示了重型飞轮是如何被发明出来以便在循环的低功耗部分仍然能够保持一切转动起来的）。他介绍了詹姆斯·瓦特等人是如何通过阀门提高蒸汽的压力和运动效率的。他强调，蒸汽机的整个发展过程历时数百年，在其发展过程中淘汰了许多笨重的模型。

之后奈特先生向我们讲述了一件事（也许是理想化的）。有个人利用活塞、阀门，以及汽油、酒精等液体形式的能量，制造了一台依靠活塞腔内发生的爆炸而运转的发动机。随后，他又介绍了活塞腔、控制进气和排气的阀门、被称为化油器的燃料供应调节器以及火花塞。他介绍说，所有这些都是通过试错和控制实验完成的。他展示了个人之间的合作与竞争是如何介入其中的，还讲解了许多失败的案例，有时十分惊人。在最后环节，他走到一台真正的汽油发动机旁，这台发动机就在教室一侧的窗户下，只完成了部分组装。他很快就完成了全部组装，并启动了它，这比魔术还要神奇。

我遗漏了很多细节。比如，奈特先生解释了活塞环和调速器的工作原理，以及为什么在天气寒冷的时候汽车发动机会回火和熄火。不知何故，他总能在相对短的课时内讲完这一切。他采用嵌入历史的方法开展教学活动，让我们学习了第一台电动机诞生的历史背景。他从希腊人发现磁力开始，一直讲到我们用工具包里的工具制作小型电动机。他提供了有关生物学的历史记载，包括：①从自然发生说到小矮人，再到基因；②从体液说到放血疗法，再到血流潮汐理论，最后到血液循环理论；③从早期传染理论到微生物学（包括牛痘、挤奶女工和瘟疫等题外话）。

我记得有一堂课，他运用演示的方法，围绕大气压强这一话题为我们构建了更为复杂的惊奇之网。他给一个金属罐子拧上盖子，罐子中装有少量的水，接着他用本生灯（一种小型装置，燃烧气体以产生火焰，用于在科学工作和实验中加热物体）加热罐中的水，然后把罐子放在冰冷的台面上，继续讲述首个气压计的历史。我们听着听着，金属罐开始收缩并发出很响的声音。当我们目瞪口呆地盯着罐子收缩时，奈特先生讲到我们正坐在空气“海洋”的底部，空气在这里的压强超过 1 个标准大气压。他向我们提出具有挑战性的问题，让我们解释为什么没有人觉得会被压扁。这增强了我们最初的惊奇。每一条新的信息都让我们想知道更多，也更加迫切地需要得到解释。一位好教师知道如何深化和丰富我们想要知道的东西，以及如何增强我们推测不同场景的能力。

奈特先生不是第一位使用历史叙事方法[①]教授科学和技术的教师。事实上，曾任哈佛大学校长的詹姆斯·布赖恩特·科南特（James Bryant Conant）晚年的大部分时间都在运用强调发现过程的历史叙事方法教授科学。[12]科学教育学者也认为这

① 指按照知识发展的历史顺序来组织内容的教学方法。——编者注

种方法在小学到大学（最常见）的各个阶段都很有价值。[13] 历史叙事方法备受好评，它可以增强学生对于概念性转变、认识论、科学本质以及动机和内在兴趣的洞察力。[14] 他们还将实例和经验与新发现的原理和模型相结合，就像目前的做法一样，先让学生接触现象，然后再尝试从原理层面进行解释。[15]

在小学的课堂上，历史叙事方法很少见。[16] 有的人争论说，课程负担已经够重了，不该再在历史上花费太多时间。[17] 但是对于奈特先生来说，似乎不是那么回事。历史提供了一种整合内容的方法，有利于理解和记忆。我认为他讨论内容的速度与非历史叙事方法相同，即不必多次重复内容，也许花在谈论科学或方法本质上的时间更少，因为他已经将那些想法嵌入历史叙事中了。

> 小学避免采用历史叙事方法，可能也因为人们认为教师应该通过发现、探索和实践活动进行教学，而不是只以讲课的形式进行教学。[18] 然而，正如心理学家科拉尔指出的那样，教育政策与认知科学研究的发现之间存在巨大差距。虽然大多数政策都提倡“发现式”教学方法，但大多数遵循实验传统的认知科学研究发现，教师花大量时间向学生讲解，与学生交流是很有价值的。[19]

当然，如果没有针对目标学生对历史叙事方法进行适当的调整，课程也会非常枯燥乏味。但是，如果叙事方法运用得当，教师和学生之间能充分交流，那么它们就会成为极好的教学方法。人们的另一个担忧可能是，通过历史叙事方法教学可能会过于关注“已故的特定历史人物”，但这只是一个糟糕的历史难题。历史可以是一个很好的载体，用来说明不同的文化视角以及人们如何随着时间的推移而发生改变。

归根结底，为了让学生在标准化考试中取得更好的成绩，教师承担着教授规定课程的压力，这可能是教师对教授额外的历史知识感到紧张的主要原因。具有讽刺意味的是，历史视角可能让学生在那些公认有缺陷的考试中取得好成绩。此外，教师可能需要将历史理想化，以免在错误的方向涉入太深，尤其是对年龄较小的孩子而言。毕竟，许多早期的科学理论，如地心说，都是极为复杂的，在当时只有少数成年人能够理解。为孩子编写的历史往往不得不讲解更加理想化的路径，简化复杂的弯路。虽然不需要和孩子们详细地讨论弯路，但他们仍然应该知道这些弯路，这样他们才能理解知识分子谦逊的美德。

为什么这种方法对许多人来说如此有吸引力和有效？用今天的话来说，它具有显著的包容性和跨文化性。它展示了以下方面的重要性：失败、不同的及持续发展的知识群体、元认知（识别错误的想法）、概念性转变、与控制实验相对的试错，以及努力。

奈特先生是终身学习的典范，因为他经常以改变他对某些事物理解方式的一篇新文章或剪报作为一节课的开始。他经常说自己不知道问题的答案，并告诉我们在没有互联网的年代是如何找到答案的。正是在奈特先生的指导下，我第一次去纽约公共图书馆学习了有关激光的新技术。奈特先生还知道如何在教学中融入趣味性。当学生调皮捣蛋时，他会气势汹汹地挥舞着米尺和码尺，问应该用哪一个来“打”他们（他从来没打过）。他会迅速解释为什么应该选择码尺（因为码尺更短），然后简要地介绍公制的诸多优点。

格特鲁德修女和奈特先生在许多方面都不同，但他们在对待科学和思考科学方面是相同的。他们都展现了知识分子的谦逊和乐于助人的美德，甚至有时还迫切地承认他们知识的局限性。正是因为这种谦逊，他们认为投身于科学就是一个持续不断的学习过程，学习新事物的乐趣驱动着这一过程，因此他们经常改变自己的想法，然后由此看到这个世界更加壮观和美丽的一面。这使他们对科学内容和科学实践产生了深深的热爱。他们还对概念性转变的过程深感兴趣，并密切关注自己知识的增长，更重要的是，关注学生在概念和信念上的成长。他们都专注于“为什么”和“如何”的问题，并经常讨论详细的机制。他们不会觉得在认知上高学生一等，而是将自己视为与学生共同参与发现过程的人。在他们看来，学生和教师之间的共性多于差异。

他们是不同寻常的自我驱动型学者。两人都拥有在其他学科的高学历，并且对各种课题都有浓厚的兴趣。比如，我最近从以前学校的现任校长劳拉·康（Laura

Kang）好心帮忙翻找的记录里了解到，奈特先生拥有音乐、数学和教育学的第二学位，曾就读于哈佛大学，在他就读期间，科南特也在那里。我进一步了解到，奈特先生的葡萄牙语说得非常流利，曾为巴西空军撰写过技术手册。他还连续 3 年担任过一家全国性科学教师机构的主席。最令人惊讶的是，他还是美国最有声望的研究实验室的董事会成员。格特鲁德修女同样出类拔萃，为了更好地理解概念性转变背后的认识论，她取得了哲学博士学位。他们显然都是杰出的个体，在任何人群中都是罕见的，但他们对学习的热情却可以与每个人分享。

格特鲁德修女和奈特先生是如此优秀，以至于他们可能会威胁到未来的教师，而不是激励他们。结果不应该是这样。成千上万没有博士学位或在董事会任职的教师每天都在重复他们的方法。我的 3 个儿子在纽约州北部的小学就读时，都遇到过让他们深入思考、启发他们提出新问题的教师。有时，为达到这样的教学目的，教师会采用将科学知识融入历史叙事的教学形式，用这样简单的方法来揭示某种现象，比如大气压力或磁场。在其他情况下，这可能会涉及一个简单的问题，比如蝙蝠如何在完全黑暗的环境中飞行，然后通过引导性的“为什么”和“如何”逐步揭示机制，并辅以元认知的评论（比如“这是两个有趣的想法，但它们不可能同时成立”)。在许多情况下，这些教师在自己小时候就碰到过很好的教师，他们特别提到会把自己的教师的方法作为范例。

虽然我们不应低估教师对科学的负面感受所引发的问题的严重性，但是这些问题是可以克服的。即使是对科学持最恐惧、最焦虑态度的教师也会意识到，自己与小学低年级学生一样，都有根深蒂固的惊奇，里面装满了无穷无尽的关于“为什么”和“如何”的问题。当这种惊奇被唤起时，有关洞察及探索的强烈的愉悦感将会被唤醒，这种乐趣将永远不会消失，而且可以被不断地刷新。以激励教师为目的，采用这种方法并富有成效的项目并不多见，但这些项目可以被广泛地实施。一次深思熟虑的对话，可以将不断增长的惊奇转化为更好地理解某些现象的动力。惊奇就在我们的心中，等着被激励。为各级教师提供科学内容学习的参与体验，可以增强他们的信心，激发他们对于科学的热情，提升他们日常的教学质量以及唤起学生兴趣的能力。

当教学在国家层面顺利进行的时候

从 1960 年至今，挪威的人均收入和财富的数据一直超过芬兰。然而，近几十年来，芬兰在数学、科学和语言方面的跨国评估中排名大幅上升，而尽管挪威学生的人均支出水平要高得多，其排名却几乎没有变化。[20] 当国际学生评估项目（Programme for International Student Assessment，PISA）在全球许多国家实施时，芬兰的教育进步就更加明显了。PISA 每 3 年就要针对 15 岁的学生进行一次测评，不仅评估学生的知识储备，还评估他们在不熟悉的环境中，或面对不熟悉的问题类型时，举一反三应用知识的能力。芬兰的 PISA 成绩跻身于世界前列，远远超过德国、美国、挪威、丹麦和瑞典等国家，其中的大部分国家每年在学生身上花费的资金都远远超过芬兰。在几轮测评过程中，芬兰基本保持着最高排名，尤其是在科学领域。[21] 此外，芬兰的分数在不同社会经济地位和种族的群体之间差距最小，拥有不同背景的学生都在茁壮成长。

当广受欢迎的纪录片《等待超人》（*Waiting for Superman*）将芬兰的教育与美国糟糕的教育状况进行对比时，芬兰学校的进步成为一般公众的热门话题。在过去的 10 年里，数百个来自其他国家的教育代表团前往芬兰进行考察，以了解是什么改变了这个国家。他们发现了什么？芬兰的官员决定从根本上改变教育文化，包括培养新的学习价值观、教师价值观和知识价值观。

其中引人注目的变化之一，是教师的教育系统从几乎是免试入学的师范学院转变为大学中招生极为严格的课程项目。这些大学课程项目目前只接收 10% 的申请者。记者阿曼达·里普莉（Amanda Ripley）形容，要想被这些学校录取，难度不亚于进入麻省理工学院。[22] 与其他地方录取的师范生相比，芬兰这些成功的申请者有着出色的高中成绩。随着这些学校蜕变为杰出人才中心，教师也成为备受重视和尊重的职业。在培训、能力和地位方面，教师可以与医生和律师相提并论。虽然薪酬提高了，但这并不是主要的驱动因素，因为在其他国家，毕业于录取没那么严格的大学的高薪教师在学校里并没有取得同样的成功。

随着全国越来越重视学习的价值，学生无须像其他精英计分国家那样，被旁人哄着和催促着去学习。他们将知识的增长内化为一种极具价值的成果。[23]里普莉讲解了在芬兰的高中里，即使是对学业最不上心的学生，也会在课余时间沉浸在与其学术兴趣相关的、具有挑战性的书籍和资料中。当被问到原因时，高中生们显得很困惑，对他们来说，这就像是在问他们为什么要吃饭一样。为什么他们不愿意拓展自己的知识面，了解自己关心的话题，获取新的见解，以让自己受益匪浅呢？自我驱动型的学习和探索有趣的挑战，这一理念受到了普遍的重视。国家相信教师是最好的监督者，能够设法促进每个学生的学业进步，标准化考试由此废除。[24]他们信对了人。教师们通过长时间的一对一的互动来跟踪每个学生的进步。在许多方面，我们都能从他们与学生的互动中看到格特鲁德修女和奈特先生的影子。

将教师提升为资优专业人士是引发一系列效应的关键吗？许多观察家的报告都是基于此种解释撰写的。这些教师被赞誉为“精英中的精英”，他们被择优录取，在精英师范院校接受严格培训后脱颖而出。据说，他们了解每一个孩子，并在优秀的教师助理的帮助下，与其他教师合作追踪每个孩子的成长。当某个孩子落后于其他的孩子时，他们会迅速增加资源让这个孩子迎头赶上，就像教学特战队一样赶到孩子面前。教师似乎已“深入”孩子的头脑，经常在教室里巡视，与每个孩子谈论当前的活动。[25]

芬兰的学校在其他方面也与众不同，让学校和教师承担责任的标准化考试根本不存在，在挪威却不断涌现。除了培养对知识充满好奇、以探究为导向的头脑这一共同使命外，课程指导方针也几乎不存在。官僚机构极少，所有校长都兼任教师。但在许多观察家看来，这些差异可能是培养一支新的优秀教师队伍的结果。教师被比作医生，对每个孩子的学习困难做出诊断，并进行有效治疗，孩子由此取得进步。教师成为值得信赖的专业人士，他们最了解如何为孩子设计个性化的学习计划，以及如何监测他们的进步。课程和评估的控制权自然而然地从中央政府流向了学校和教师。这支新的教师队伍还接受了许多有关杜威的以学习者为中心的学习理念。[26]

大多数观察家都称赞芬兰的做法，将韩国等国的做法与之对比。韩国这些国家虽然在 PISA 中都取得了很高的分数，但学生需要投入更多的课业和家庭作业时间、进行密集的测试以及接受额外的辅导。人们普遍认为，这些国家的做法可能会令学生厌恶学习，不能激发学生对于学习真正的热爱。[27]

美国能否实现像芬兰那样的教育转型？关闭传统的师范教育项目，创建严格择优录取的新项目，是很大的挑战。考虑到美国师范院校的申请人数一直在下降这一现状，其能否满足每年数十万新教师的需求？[28]立法者和公众愿意为这些改变提供资金吗？如果说教师是关键因素，那么他们是否必须具有天赋，才有资格接受训练？如果引导那些没什么天赋的学生学习芬兰式的教育价值观和实践活动，并让公众相信教师与其他精英从业者一样值得尊重，他们是否能成为优秀教师？

我们不知道这些问题的答案。讲述芬兰教育成功故事的大师、教育家兼作家帕西·萨尔伯格（Pasi Sahlberg）认为，最重要的改变是国家对待教育和学习的态度。公众必须认识到学习的内在价值，并将教师视为高尚的职业。[29]一旦认识到这一点，申请精英教育项目的人数将飙升，因为申请者会将未来的自己视为受人尊敬、报酬丰厚的社会成员。报酬并不是全部，但它表明了对教师职业的尊重，以及对终身事业的承诺。2018 年，俄克拉何马州的教师举行了全州范围内的罢工，他们将人们对其工作的尊重列为一个关键问题，工资水平较低只是由此而来的一个令人痛苦的结果。有些人认为，如果不先发展培养优秀教师的精英项目，就无法提升教师的地位。[30]实际上，两者可能需要齐头并进，形成螺旋式上升的循环。毕竟，芬兰的改革在 10 多年后才出现显著的效果。

然而，态度的转变并非易事。在芬兰对其制度进行改良的同时，20 世纪 90 年代，许多其他的发达国家也开展了比较不同学校和教师教学成果的问责制运动。他们增加了考试，宣布了“力争上游”和其他竞争性计划。大多数教师认为这些变化让他们的专业度降了级，挫伤了教师队伍的士气。此外，外部激励措施疏远了教师之间的关系，类似的措施也应用于学生，效果往往适得其反。

玩耍——惊奇的启动平台

我们不能指望美国在国家层面上发生大规模的教育变革，但我们可以关注在学前教育和正规学校教育最初几年的时期。孩子玩耍式学习和惊奇的培养情况，因为这个时期的惊奇培养是日后更复杂的惊奇的早期启动平台。芬兰教育变革的成功主要是由于接纳了孩子内在的惊奇和玩心。芬兰的教育者强调玩耍的关键核心地位，玩耍通常表现为由惊奇驱动的探索和发现。[31] 如果其他国家的教师（无论先前接受过何种培训，以及选拔过程如何）都能在一个合作的环境中与学生和同事开展玩耍式的探究活动，以此缓解自己对于科学的焦虑，那么更为深入的概念学习就会随之而来。我们每个人都有很大的知识缺口，应该欣然接受关于"为什么"和"如何"的提问，以弥补这些缺口。这样，我们就会体验到获得新见解的乐趣。教师将更清楚地认识到，密切跟踪每个学生的进步至关重要。如果国家能重视他们对学生进步的评估，并取消价值数十亿美元的测试产业，他们将更有能力做到这一点。这一变革将减少许多动力陷阱，但要想取得成效，父母、教师和整个社会必须通力合作。

惊奇常常与玩耍交织在一起，尤其是在早期发展中。在世界上的其他地方，人们对玩耍有广泛的讨论，[32] 在此不便详述。然而，有 4 个要点需要强调。

第一，玩耍在讲解理想的学习动机情境中占据主导地位。芬兰教育认为玩耍必不可少，尤其是在刚入学的那几年。事实上，芬兰孩子在 7 岁之前都不需要接受正规学校教育，因为人们认为大多数孩子在家庭玩耍中就能够得到学习机会，而即便是最好的学校也可能会扼杀这些学习机会。在学校的最初几年，教学从属于玩耍。教师们确实在努力追求"更深层次地玩"，他们持续地发现并提供玩耍的机会，通过提出有趣的问题和加深孩子们的理解来向孩子们发起挑战。[33] 他们认识到，无目的、无指导的玩耍无法提供丰富的学习经验。在高中后期，教师们继续尽一切可能维持着玩耍的重要激励作用。

第二，玩耍在学龄前出现得很早，并且是自发的，因此我们不用教授孩子如何玩耍，只需要欣赏和理解。成年人如果能够认识到玩耍巨大的认知价值，并且能够了解玩耍是如何与创造、解决问题、反思和自我决定联系起来的，就应该支持玩耍的自然存在，并让它成长。可悲的是，太多以评估为导向的教育体制忽视了玩耍对于动机和认知的益处，将其视为一种要淘汰的无关紧要的活动。有些学校甚至减少了幼儿园的游戏，因为这些学校试图把应试教育的方法推向越来越低的年级。

第三，玩耍是跨文化的普遍现象，并且早在正规学校教育出现之前，玩耍就已经随处可见了。许多人类学家观察到，处在青春期的孩子仍然有大量的玩耍活动。考古记录显示，从微型弓箭、玩具船到穿衣玩偶，史前时期存在许多手工玩具。有一种理论提出，在史前文化中，青春期玩这类玩具是发展中的一个“甜蜜点”，在这个时期，青少年对玩具的大量创新催生了改进之后的成熟版本。[34] 这并不是游手好闲，创新过程中充满了惊奇。在许多传统社会中，甚至在今天，大孩子甚至成年人保留这类活动的情况可能更多。如果那些擅长玩的成年人以适当的方式接触现代科学和技术，他们的惊奇就会成为滋生新思想和新设计的肥沃土壤。

第四，玩耍的功能可经由社交互动而增强。与他人一起玩耍为实验、探索和思考创造了新的机会。玩耍是一种极好的情境，有利于激发惊奇。在芬兰的学校里，人们认为深度玩耍发生在共同质疑和猜测的情境中，这些质疑和猜测都是惊奇的体现，比如“我想知道为什么这样做……”或“我们能不能想出如何……”。玩心和惊奇心是截然不同的，二者的发生是彼此独立的，但它们却以奇妙的方式相互增强。

数学切线

通过对小学教师的采访，我们发现对数学的焦虑感会引发对科学的焦虑感。[35] 数学较差的学生学习物理时，会放大焦虑感并将其延伸到所有的科学学科。对数学学习的全面讨论远远超出了我们的理解范围，这是认知科学中一个迅速发展的领域，我们实验室也提出了理解婴幼儿数学认知起源的新方法。[36] 另外，大多数关于数学焦虑的研究都涉及大学生群体。

然而，越来越多的研究发现了数学焦虑的早期迹象。有些学生在上一年级时就有数学焦虑，这种焦虑会对数学成绩产生负面影响。[37] 对于小学低年级学生来说，最好的干预措施是教授更多的数学知识。当孩子们通过巧妙的一对一互动方式接触到更多的数学知识时，他们就会意识到自己取得了明显的进步，没有理由感到焦虑。[38] 让孩子们重新评价自己的努力和能力，可以提高他们所有科学课程的学习成绩，尤其是数学成绩。在此，有 3 个要点与科学和数学紧密联系。

第一，当数学教学和评估采用多样化的技术时，它的包容性就会增强，从而在提高不同人群的理解能力上取得重大进步。教师可以使用一些技巧来建立数学概念，以免对那些不擅长数字计算的学生造成不利影响。评估不能只关注运算速度。[39] 比如，孩子可以在没有时间压力的情况下，通过尝试相对简单的加法模式，练习解决复杂程度逐步增加的幻方问题。

第二，数学理解能力的大幅提升涉及发现其丰富的内部结构。我在小学阶段，第一次意识到地图用来区分相邻国家或州的颜色不超过 4 种时，感到非常惊讶。更让我惊讶的是，当时还没有人想出办法来证明这一定是真的。和其他意识到这件事的孩子一样，我画了几百张地图，希望能找到例外情况，并总是试图偷偷塞一些虚构的小国家进去，以打破规则，但从来没有成功过。1976 年，肯尼思 · 阿佩尔（Kenneth Appel）和沃尔夫冈 · 哈肯（Wolfgang Haken）证明了四色定理。在那之后不久，我才知道，虽然我可以用圆规和尺子轻松地把一个角一分为二，但早在 100 多年前就有人证明过，把角三等分是不可能的。由于我不能理解这个证明，因此在遵从权威之前，我用了 1 年多的时间固执地尝试去寻找新的三等分技术。

几年后，我开始了解到神秘的圆周率世界。我知道了某些分数的加减数列是如何趋近于圆周率的。这是一件非同寻常的事情。通过计算某些无穷级数，你可以知道任何圆的周长与直径的精确比值：$\pi=4(1-1/3+1/5-1/7+\cdots\cdots)$ 或者 $\pi=3+4/(2\times3\times4)-4/(4\times5\times6)+4/(6\times7\times8)-4/(8\times9\times10)+\cdots\cdots$。更令人惊讶的是，圆周率已经被计算到小数点后几百万位，而且看起来是没有规律的，但几千年来，没有人能够证明圆周率的序列确实是没有规律的。这仍然让我困惑。

每多学一年数学，都会发现新的隐藏结构。当你理解微积分、展望微积分方程家族、领会线性代数的维度性质时，新的见解就会出现。数学不再被视为一组计算，而是被视为一个有待发现的结构系统，就像我们在科学领域发现了因果关系和机制模式一样。虽然数学关系不是因果关系，但在很多方面，数学探索可能与科学领域的探索相似。

第三，即使没有足够的幸运拥有深厚的数学背景，也可以学习物理学等传统的定量科学。数学背景不同的学生都可以通过物理课程获得对物理系统的深刻见解。一些伟大的科学发现，如爱因斯坦狭义相对论中大多数的内容，只需简单的代数知识就能理解，有些甚至对数学水平完全没有要求。一些科学教师采用了一种“概念物理”教学法，即用最少的数学知识来传达重要的物理概念。[40] 比如介绍牛顿运动定律这类概念，一开始不需要数学。如当物体甲给物体乙一个作用力时，物体乙必然同时给物体甲一个反作用力，作用力与反作用力大小相等，方向相反，且在同一直线上。功、能量守恒和动量的概念都可以用非定量的术语来介绍，有关熵的概念也是如此。很可能许多领域的理解机制都和数学方程组没有太大关系。

所有学生都应该知道，数学讲解对于探索有很大的帮助。人们应该为此提供方法来提高学生的数学技能，但不应认为学生在完全掌握数学技能之前无法获得对自然和科技的有价值的见解。批评死记硬背乘法表和其他数学知识，或者“数学熟练度”（math fluency），认为它们是在制造数学焦虑和破坏学习动力，以及提倡只关注实质性的数学运用，或者“数感”，可能是不公平的。[41] 所有的孩子都可以以一种有趣且不会痛苦的方式掌握数学知识，不一定非要像批评家所说的“死读书，读到死”（drill and kill）。当足够熟练后，工作记忆空间便会得到释放，孩子们就能看到模式和更为复杂的数学原理，这本身就非常有趣，同时这也为他们学习更多的数学知识提供了动力。[42]

数学焦虑影响着全世界的数学学习。在所有参与 PISA 的国家中（数学成绩最好到最差的国家），数学焦虑程度越高，就预示着数学掌握程度越差。[43] 这一结果表明，在所有群体中，数学学习可以在多大程度上受到焦虑情绪的影响。这些焦虑情绪通常来自父母和教师，要么通过对数学的负面评价直接传达出来，要么通过对数学话题感到焦虑和厌恶的行为暗示出来。即使是在强调合作、很少有分级和考试的数学成绩排名靠前的国家中，如芬兰，也是数学焦虑越严重，数学成绩就越差。[44]想要解决焦虑对数学学习的影响，需要抛开实际的数学水平，针对焦虑本身进行纠正干预。

相关性和态度

概念物理学提出了一个有关科学技术内在兴趣的动机问题。一个孩子可能会说，他不关心物理、生物，甚至不关心一般的科学，但这往往是基于他所熟悉的某个成年人的态度。他可能会说这很无聊，或者不值得花精力去了解。他还可能认为，他与喜欢这些话题的人没有共同之处。鉴于孩子往往都是“杂食”型学习者，我对这些说法都持怀疑态度。教师可以通过把某门学科与学生生活中一些重要的事情相联系来克服这些障碍。比如，一个学生喜欢视觉艺术，那么可以向其展示光的物理学知识将如何增强他的理解力，以帮助他洞悉艺术家对可感知色彩的创造。许多伟大的艺术家都对物理学的相关原理有浓厚的兴趣。卡拉瓦乔、达·芬奇、弗美尔和莫奈等画家都仔细研究过光的本质，以便更好地理解如何创造出某些效果。

对科学的消极讨论可能会涉及性别问题。大量文献综述包含了胎儿期雄激素水平暴露不同性别在空间能力上的差异、社会对性别的刻板印象等内容。[45]这些综述不可避免地会得出这样的结论：社会文化因素，比如关于性别能力差异的观念或者关于性别角色的观念，是科学态度、大学专业选择和职业选择迄今为止最强大的预估指标。文化和社会的影响远远超出了家庭层面，尤其是当孩子们进入初中阶段时，父母要想做出改变，为女孩和男孩提供更多的选择，就不能只靠理想化的意图和行为，但理想化的意图其实是一个很好的起点，父母早期的态度会对孩子的未来选择产生长期的影响。

确定孩子与科学的关系可以调和社会文化对孩子的影响。一个简单得令人吃惊的方法就是谈论“做科学研究”而不是“成为科学家”。当 6～11 岁的女孩被问到是否有兴趣和潜力“成为科学家”时，随着年龄的增长，她们的兴趣和自我效能感都表现出明显的下降趋势。相比之下，当被问到是否有兴趣和潜力“做科学研究”时，随着年龄的增长，她们的兴趣和自我效能感下降幅度要小得多。[46]

> 显然，“做科学研究”比“成为科学家”的目标更具有包容性，更吸引人。“成为科学家”可能意味着拥有某种程度的科学能力，而不是人人都能参与的活动。这一鼓舞人心的发现表明，对科学学习的描述做些相对简单的改变，将会影响学习动机和学生对未来职业的看法。

然而，如果不能谨慎地运用这种方法，可能会带来风险。如果将“做科学研究”作为一门课程，更多强调科学的程序，比如测量、数据的格式化和控制变量的策略，而较少强调模型和机制，那么就很有可能削弱学生的兴趣。大多数人更愿意学习事物是如何运作的，而不是如何有效地收集和验证这些模型和机制的证据。

毁灭性的奖励

其他对科学学习动机的误解来自对奖励的普遍信念。在学校等环境中，人们认为奖励是增强兴趣和动机的有效方法。然而，几十年的研究表明，**善意的、积极的奖励有时会削弱动机和兴趣**。奖励行为与其负面效应看起来很矛盾。我们都听说过一些实验，如鸽子的行为可以通过适当的正强化或负强化来塑造。那么，对一种行为的奖励怎么会破坏人们对它的内在兴趣呢？

大约 50 年前，斯坦福大学的马克·莱珀（Mark Lepper）及其同事做了一系列实验，展示了如何引导学龄前儿童回避他们原本喜爱的事物。[47]

实验者邀请孩子们进入他们以前没有去过的幼儿园的一个特殊房间。实验者将孩子们分为 3 组：第一组被告知，如果使用一套新颖的记号笔画出漂亮的图画，他们就会获得“优秀玩家”奖（该组所有孩子都获得了奖励）；第二组只是被邀请玩记号笔，在画图时并不知道有奖励，但在活动结束后所有人都得到了作为惊喜的奖励；第三组和第二组一样，只是他们从未收到或听说过奖励。

第一组孩子的学习积极性大幅下降。那些孩子一开始很喜欢使用记号笔，并知道自己的努力是为了得到奖励，可是当记号笔随后出现在他们的教室里时，他们很快就开始回避记号笔了。相比之下，第二组孩子使用记号笔的比例要高得多，与第三组相同。并不是奖励的存在降低了愉悦感，而是他们在参与活动时一直都想着奖励，对奖励的知悉降低了愉悦感。人们常将孩子的活动动机归因于外在激励而非内在兴趣，这就如莱珀所说："把玩耍变成了工作。"

这些早期的研究在心理学界是众所周知的，许多后续研究揭示了关于内在动机会在何时、如何遭到破坏以及何时不会遭到破坏的细微差别。[48] 比如，如果任务一开始不受欢迎，奖励可能会增强内在兴趣，因为孩子们会发现它并不像想象中那么糟糕。因此，人们可能会把奖励与科学课上那些不太令人愉快且与科学学习不直接相关的部分联系起来，比如需要保持教科书的干净整洁。但是，当孩子们对任务的内在兴趣已经很强时，奖励就可能具有破坏性。学校和其他向孩子传授科学知识的环境可能是最容易破坏兴趣的场所。在每学年开始时，人们会讨论奖励，而且在学习过程中奖励往往无处不在。当学年结束时，可能会有精心策划的庆功会来祝贺那些表现好的孩子。如果成年人错误地看待奖励与学习动机之间的关系，虽是好意，但也可能会削弱孩子的内在兴趣。

更糟糕的是，**认为自己是在为奖励而工作会阻碍创造力的发挥**。孩子和成年人都可能把一项任务视为乏味的计件工作，而不是一项令人愉悦的活动。在有奖励的任务中，他们可能会大量地产出，比如成堆的图画，但质量都很差，其他人会评价他们创造力不足（见图 6–2）。[49] 高额奖金可能不利于学生提出最具创意的项目，也会打击参赛者今后参加类似竞赛的积极性。如果奖励是一个不能停止的传统，那么颁奖者必须强调比赛奖励的是创造力，而不是产品数量。他们还应让参赛者在几种奖励和任务之间做选择，以此培养参赛者的能动性和自主性。

从小学到初中，学生学习新知识的内在动力呈持续下降的趋势，其中学习数学和科学的内在动力往往下降得最厉害。[50] 在许多学校，外在激励措施无处不在，与此同时，通过一轮又一轮高风险考试的挑战，环境正在削弱学生的能动性和自主性。许多研究都探讨了减少奖励的危害作用的方式，以及在某些情况下，如何使奖励增强积极性。但是，对于没有埋头钻研过相关文献的成年人来说，最合常理的奖励方法所产生的效果往往事与愿违。至少，成年人应该了解使用奖励来激励孩子的隐患。正如教育学作家艾尔菲·科恩（Alife Kohn）所写："奖励能激励人吗？当然，它们能激励人们去争取奖励。"[51]

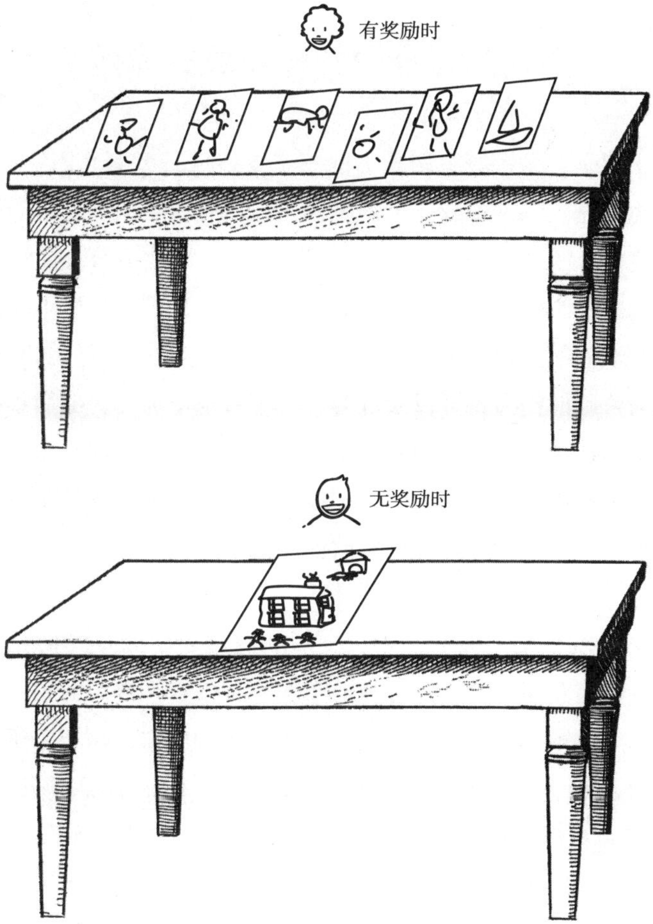

图 6–2　外在奖励对创造力的影响

注：期待奖励的孩子只注重数量，会画出大量粗制滥造的图画，而没有奖励的孩子则会画出更具美感的有趣图画。

减少外在奖励危害的一种办法是欣然接受孩子对科学的兴趣。对科学技术以及探索其内部运作方式的长期内在兴趣可能会抵消外在奖励的危害。如果一个孩子时常享受活动本身所带来的好处，奖励就不太可能对他产生影响。此外，如果一个人通过这些经历能从本质上了解自己为什么会喜欢某项活动，那么奖励就不会促使他重新思考自己从事这项活动的原因。在某些情况下，奖励甚至可以被理解为与人的主要动机不甚相关的额外获得的好处。因此，先前有关奖励的发现很可能是最好的方法，可以使得自己免受具有误导性的物质奖励的不良影响。

多元的思维模式和发展的命运

在动机和学习上，一种极具影响力的观点支持成长型而非固定型的思维模式。正如卡罗尔·德韦克（Carol Dweck）阐述的那样，有些人认为自己的认知能力是固定的、不可改变的。[52] 比如，一个人要么擅长数学，要么不擅长数学，再多的经验也不会在很大程度上改变一个人的基本能力。抱有这种固定型思维模式的学习者会发现他们在面对最初的失败经历时很难再坚持下去。与此相反，具有成长型思维模式的学习者认为自己的能力是可以通过努力和练习来增强的，他们具有理想的成长型思维模式。他们认为，数学能力并不是与生俱来的，而是像肌肉，他们可以通过专注的练习来增强肌肉力量。许多研究都试图引导孩子形成成长型思维模式，研究者会重点关注那些认为自己的能力不可改变的孩子。

一些研究通过赞扬努力而非能力，在短期内提高了拥有成长型思维模式的人数。[53] 还有一些研究发现父母的行为和思维模式对孩子具有长期影响。比如，在一项研究中，如果学龄前儿童的父母高度赞扬了孩子的努力，孩子 5 年后就会有更强的适应性和弹性动机。[54] 赞扬努力可以简单地对孩子说：“你学习很努力。”对固定特质的表扬通常是“你真聪明”。适应性和弹性动机的框架特征是，孩子相信特质会发生变化，并关注学习目标而非成绩目标。即使一开始表现不佳，他们也会坚持下去。这项研究的长期效果令人印象深刻，但父母并没有被随机分配到不同的小组，也没有被指示以不同的方式表扬孩子。研究人员观察了父母日常使用的表扬方式，发现这种方式很可能持续 5 年。

要在大规模的干预行动中取得成功，仍然是一项挑战。一项值得注意的研究是针对美国成绩较差的中学生开展的数学教学。一小时的成长型思维模式课程能够提高他们之后的测试成绩。[55] 但如何复制这种成功让人难以捉摸。一项对 29 个独立的思维模式进行干预的分析发现，只有 12% 的干预对学业成绩产生了积极影响，而且这些影响往往较小。[56] 一些谨慎的研究发现，思维模式和学业成绩之间存在正相关的情况只占 37%。因此，抛开干预措施不谈，孩子的自然思维模式与学业成绩的关系并不明显。

通过利用克里斯蒂在一系列研究中发现的一种强大的发展现象，我们可以更容易、更自然地鼓励成长型思维模式。[57]

> 对于自己未来的能力，幼儿明显要比大一些的孩子和成年人持更为乐观的看法。世界各地年幼的学龄儿童均认为他们未来的能力不可限量，无论这些能力反映的是身高和力量等身体素质、领导能力之类的社会属性，还是数学技能之类的智识能力。[58]10 岁以后，孩子对自己未来能力的乐观程度会下降。这种下降可能有助于解释抑郁症为什么会在青春期激增，因为青少年开始断定他们的负面特征可能永远不会改变）。[59]

我们实验室的其他研究也表明，5 ~ 10 岁的孩子对自己获取知识的能力非常乐观。[60]

关于对科学的态度，早期出现的乐观主义偏向会给孩子的大脑灌输科学学习的成长型思维模式。学龄前儿童对科学的非正式学习体验越多，就越会将科学研究视为一种逐渐增长的能力。如果孩子们可以通过数以百计的小进步在几年内稳步加深对科学的理解，那么在正式上学后，他们就有可能在面对压力时继续保持这种看法。一个孩子如果懂得因学习而争论的价值，利用机制性信息建立抽象模型的价值，以及提出“为什么”和“如何”的价值，那么他不仅会自然而然地体验到自身知识的快速增长，而且会憧憬对前沿的探索。

> 在孩子年幼的时候，我们不需要那些试图灌输成长型思维模式的干预措施，只需让孩子保持对世界运作方式的迷恋。那些能够让孩子保留早期发现和洞察的喜悦的方法，才是好的干预措施。

这种积极的学习轨迹和持续活跃的 PHED 循环（见第 2 章），可能会使孩子自动生成成长型思维模式。如果孩子们能够在元认知上意识到自己的知识在持续增长就更好了。我们可以帮助孩子更好地理解他们所学的一切，而不是忽视他们的成就，用似是而非的评价挫伤他们的积极性。有时，尽管成长环境不鼓励成长型思维模式，但孩子可能因为内在强大的求知欲而终身保持惊奇。**孩子的求知欲就像疫苗，能够抵御产生负面影响的传染病。**更常见的情况是，孩子需要从至少一位能够鼓舞人心的教师那里得到一针“惊奇加强针”。这些因素也许可以解释我遇到的那位汽车修理工为什么仍然对科学技术如此着迷。

超越单纯的惊奇

孩子和许多其他幼小的动物经常被说成令人惊奇的生物，但惊奇的含义却因表述者不同而异，表述者经常谴责含义的多变性，并给出自己的释义。[61] 有些人把惊奇说成一种基本的驱动力，就像饥饿感一样；有些人则把惊奇说成是一种填补知识空白的特殊需求。[62] 尽管如此，大多数研究人员都援引了寻求信息的行为来解释惊奇。惊奇包括寻找一些知识碎片来填补空白，而不是发现和追踪一个丰富的解释性结构。这就是为什么惊奇不仅指好奇。惊奇考虑的是不同种类的探索和构建知识的未来路径。因此，当研究人员讲述孩子在小学阶段好奇心衰退时，往往也暗示了惊奇的衰退。心理学家苏珊·恩格尔（Susan Engel）在一篇关于惊奇衰退的文章 [63] 中提到了这一点：

> 从 1 岁左右开始到幼儿园阶段，孩子明显喜欢探索和提问，而学龄儿童却严重缺乏这种探究欲，这两者之间的差异是什么原因造成的呢？童年时期究竟发生了什么，导致如此多的自发探究和对新信息的渴望消失殆尽？部分原因还是在于成年人。和蔼可亲、技艺精湛的教师往往在不知不觉中巧妙地将探究推到一边。为了达到州政府和联邦政府出台的教育标

准，美国许多公立学校都忙于培训孩子，而不是教育孩子。小学低年级学生整天都在辨认字母、背诵课文、回答特定类型的问题，以及执行惯例。大一些的学生则整天练习特定的学科公式，背诵信息，以及学习如何遵循书面指令。

恩格尔关于惊奇衰退的说法得到了许多人的响应，这些人的解释也暗示了惊奇的衰退。[64]这种衰退也与研究人员提供的关于内在学习动机衰退的原因相吻合。

> 当孩子们从幼儿园阶段那些热切的探索和愉快的发现中走出来时，我们必须想方设法保持和培养孩子们这种认识世界的方式。所有孩子都应该体验到如今在社会中只有少数幸运的成年人才能体验到的东西。

争论方式也会对学习积极性产生很大的影响。当孩子和成年人把注意力集中在“为什么”和“如何”这些问题上时，当他们为了学习而不是为了赢而争论时，他们都会成长。输赢框架会潜移默化地将孩子引向无效的和具有破坏性的关于事实的争论当中，人们可能会更容易、更快地宣布赢家是谁。在此类情境中的微妙转变可以有成千上万种方式，要么会使学习更快乐，要么会使整个学习体验变得紧张和缺乏吸引力。

为了学习而争论在本质上是具有社会性和互惠性的。孩子们喜欢这样的互动，尤其是在有才华的教师的引导下。教师可以提出开放式的问题，促使学生阐述自己究竟在学习什么，关注相互关联的因果关系，让学生更清楚地了解自己知道什么和不知道什么。[65]教师可以像格特鲁德修女和奈特先生那样，与学龄儿童一起做这一切，但是发展这套讨论技巧需要时间，并且可能需要教师进行大量的辅导。[66]

动机因素不容小觑。它们可能会把玩耍变成工作，把富有成效的讨论变成人身攻击，并致使人们认为自己的内在能力永远较弱。我们正在积极探索解决这些问题的方法。早期自然形成的好奇心、探索欲和洞察力。如果能够得到维持和培养，就能成为强大的力量，抵御许多可能会困住学龄儿童的动机陷阱。当包括父母、教师在内的成年人群体充分参与进来，共同维护某种思维框架时，这种框架就能够持续增强孩子的能力，使他们能够看到和理解周围世界的因果模式。那些出类拔萃的成年人，在一生中自然而然地以玩耍的方式塑造惊奇。玩耍是很难进行实验研究的，但我们都知道它本身就是一种非凡的动力。我们也明确地讨论过把玩耍变成工作是多么容易。玩耍往往是内在动机的核心。那些既会玩耍，又热衷于增强自己理解力的成年人可能是最令人信服的榜样。杜威早在一个多世纪前就意识到了这一点，他认为，如果一个渴望从事教师职业的人不能在其职业生涯中始终保持对学习的热情和深度求知欲，那么从长远来看，这个人的职业生涯不会成功。[67] 他对深度求知欲的阐述是惊奇的一种版本。惊奇不是随意的猜测，它是一种受到驱动的对知识和理解的求索。

不幸的是，这种持久的积极态度和动机可能很少见，负面影响造就了这样一些青少年：他们不善于识别和克服偏见，更容易受到社会压力的影响，总体上对科学的态度更加消极。此外，大多数孩子在入学后没多久就开始走上这条令人沮丧的下坡路。这些负面影响会在成年后继续扭曲人们的认知。

第三部分

惊奇的觉醒

第7章

惊奇的缺失与认知偏差幻象

我们通常不该评估他人专业领域以外的能力。我曾与一位房主进行交谈，了解到他的化粪池系统需要更换。他相信这项工程成本并不高，只需要从房屋引出一根管道，然后分连其他管道进入化粪池区域。他进行了简单的计算，考虑到当地折扣店 PVC 管道的价格以及几小时的铲土工作，得出工程成本为 2 500 美元。然而，他从 3 家知名公司得到的最低报价竟高达 43 000 美元。因此，他认为存在一个巨大的“化粪池系统阴谋”，并对此深信不疑。

为什么这样一个简单的配置会有如此高的费用呢？这是因为房主严重低估了化粪池系统以及实际工作的复杂性。尽管化粪池的安装并不是非常复杂，但它涉及了相当多的因果关系。美国康涅狄格州的住宅化粪池系统设计手册多达 163 页，其中详细介绍了理论和实操方法。手册中没有引用具体的规定，而是详细阐述了关于整体系统及其组成部分如何设计，并提供了大量复杂的图表。在此之前，你需要了解以下内容：住宅污水的一般成分；一般家庭的“生化需氧量”；氮、大肠杆菌和磷的作用；有害的化学添加剂以及其他进入系统的非典型物质的影响；一般家庭的使用模式等。同时，你还需要了解土壤成分和地质特征，了解进行渗透测试的方式和原因，以及可能影响测试的因素，比如不同年份的影响。每个步骤都包含许多子步骤。通过阅读这个手册，我们才能更容易地理解为什么需要花费如此高的费用来更换。那么，为什么房主对这项工程的费用估计错得离谱呢？

当对儿童心理和动机的错误观念破坏了童年的惊奇时，这会对成年人产生长期的影响。在很多情况下，人们更容易受到两种影响，这两种影响会在童年以后持续阻碍他们对事物的理解。

- **第一种是早期朴素的世界观和模型的持续存在。**这些错误观点最初可能作为对思考现象的便利虚构（convenient fiction）而有用，但当它们作为挥之不去的后遗症在成年人身上发挥作用时，就会影响判断和因果推理。
- **第二种是理解错觉（illusion of understanding），即人们高估了自己对事物的解释能力。**如果人们没有意识到自己的知识空白，就无法意识到进一步学习的必要性。

这两种影响会阻碍我们对机制进行深入思考。只有当我们意识到这些影响时，才能更好地对抗它们，然而通常我们无法察觉到它们的存在。我们可能会以为自己对世界了解甚深，这种自满会影响洞察力和理解力。结果，我们不仅会对化粪池系统的维修费用感到震惊，还会在更广泛的领域走入迷人的弯路，偏离深入了解真相的道路。

当持续进行质疑、推测和探索时，我们便能够更好地抵制误导，而不是纵容那些后遗症和错觉中不可避免的不一致性。我们应该寻求其他解释来更连贯地解释看到的现象。这正是得到滋养和支持的惊奇所能够实现的。

有一种观点认为，我们似乎无法摆脱这些弯路。这是因为世界对于我们有限的思维来说太过复杂，所以我们只能接受高度扭曲、存在空白的印象，同时相信自己所知甚多，并且了解得非常准确。然而，这种悲观的观点是没有道理的。孩子的非凡能力告诉我们，他们能够追踪真实的因果关系，深入了解他人，欣赏机制的特殊力量。如果我们能通过持续加深对惊奇的思考来发展这些早期能力，就能避免走上弯路。此外，对于那些似乎无视所有限制的历史人物，即那些无所不知的多面手，如果我们仔细观察这些人以及他们在不同历史时期的知识，就会发现儿童的思维习惯和思考方式对所有人都是开放的，而不仅仅是那些拥有非凡知识的人。因此，我们都可以学习如何管理那些强烈但错误的“直觉”信念和对于洞察错觉的屈从。

挥之不去的后遗症

孩子可能会利用便利虚构来加深对世界的理解，从而走向成熟。本质主义偏见可以促使孩子透过表面现象，寻找潜在的特征和内在机制。[1] 这种本质主义偏见可以在没有任何先验知识的情况下发挥作用，尤其是对于自然出现的类别。[2] 它会简单地引导学习者关注实体的内部及其微观结构特性。

本质主义偏见会妨碍我们对通过自然选择进化的新物种的理解，因为它要求每个物种的所有成员必须共享相同的固定本质。然而，这与生物的基因型和表现型分布的现实相矛盾，因为生物的基因型是多样的，并且在特定环境中，那些表现更好的子集会被选择。[3] 在一个理想的发展轨迹中，一个人可能会受益于本质主义偏见，努力深入理解事物，但随着对进化的了解不断加深，他们会逐渐抑制这种偏见。抑制这种偏见可以减少将性别和种族等其他类别错误地本质化的倾向。[4]

本质主义偏见会影响我们对科学发现和科学修正的看法。实验室的研究表明，一个类别被本质化的程度越高，我们越容易接受其中的发现，而拒绝其中的修正。[5] 同时，本质主义偏见的强度在很大程度上取决于你是从自然角度（如生物属性）还是社会角度（如文化习俗）来思考一个类别。[6] 比如，与社会特征（如某个族群把太阳当作神来崇拜）相比，你更容易把群体的生物特征（如该族群脚底有雀斑）本质化。这种情况也发生在孩子身上，表明了早期概念灵活性与本质主义偏见之间的联系，并且暗示了改变本质主义偏见的一种策略。[7]

即使早期的理解方式明显是错误的，成年后也会持续存在。心理学家安德鲁·施图尔曼（Andrew Shtulman）讲解了为什么天文学家在验证地球绕太阳运转的真实性时所花费的时间比验证月球绕地球运转的时间更长。他们之所以会犯这种“科学盲区”的错误，是因为他们的头脑中仍然保留着儿童时期将地球视为太阳系中心的观点。[8]这些早期观点之所以会出现，大概是因为它们能够以相对较低的信息处理要求来追踪规律性（如太阳升起和落下）。即使在我写下这些文字并认为自己永远不会将地球视为太阳系中心的时候，我也意识到想象自己躺在田野里，双脚朝南，看着太阳从左到右在天空中移动是多么容易。我却很难想象出自己躺在一个球体的表面上，从北极看去，这个球体正在逆时针旋转，这样太阳在早晨就会显露出来，在傍晚则会被旋转的地球边缘遮住。

早期朴素的理论并不总是被后来的理论完全取代。即使在生物学导论课程上表现优异的大学生，也可能会受童年本质主义、活力论和拉马克主义等观念的影响。[9]但总体而言，这些早期理论并不会严重阻碍科学学习。[10]最重要的是采用两种做法：

1. 为正确的观点提供详细的、令人信服的解释机制。
2. 讲解并“解构”[11]错误的观点，即解释其吸引力并揭示其关键缺陷。

如果这两种做法掌握得好，并且学习者继续采用新观点，那么旧观点的影响力就会大打折扣。

感知中的类比案例展示了我们如何减弱第一印象的影响。比如，虽然月亮在地平线上看起来比在天空中大，但没有人会认为它真的变大或者离我们更近。我们知道这只是一种错觉。同样，我可以谈论太阳的升起和落下，我甚至可以感知到太阳的升起和落下，但我并不认为那是真实发生的。当我们有时间来反思并承认这种错觉的影响时，它对于重要决策的影响就变得微不足道了。它可能只会在一些无关紧要的任务中留存。日出日落、海市蜃楼和棉花状云彩并不会对日常生活造成严重影响。我们可以防止视错导致错误的信念产生，还可以通过承认错觉来推翻早期的误导性理论。此外，尽管在认知持续发展的过程中，这些理论必须被搁置，但我们依然可以学习它们是如何促进早期学习的。与旧理论相关的联想可能会持续存在，并在需要抑制这些联想的紧急任务中减缓反应速度，但只要我们仔细思考问题或反复做出正确的反应，这种干扰就会减弱。[12]

为了将遗留观念纳入认知控制，一种常用的方法是使用既熟悉又直观真实的相关例子。因此，人工选择的例子可以让我们更好地理解自然选择。[13] 通过人工选择或选择性育种，人类成功地将野生芥菜引导到不同的发育路径上，并培育出卷心菜、西蓝花、花椰菜、羽衣甘蓝和大头菜等多种品种。[14] 人类创造的生物多样性为理解自然选择提供了更好的基础。人工选择出无法交配的新物种比创造物种内的变异更为罕见。事实上，同一物种即使外形迥异也是可以杂交的，比如纽芬兰犬和吉娃娃杂交产下新品种，历史上也出现过人工创造新物种的情况。[15]尽管达尔文在《物种起源》的序言中多次提到了人工选择和驯化，但为什么在之前的数千年没有形成进化论呢？原因在于宗教教义阻碍了这一见解的产生，它错误地认为人类永远不可能创造出新物种，而只能在上帝赋予的物种界限内进行变异。

多年来，心理学家德博拉·凯莱门（Deborah Kelemen）及其同事通过简短的课程成功地向孩子讲授了自然选择的进化论。[16] 这些课程通常包括阅读专门的故事书，书中提供了连贯的因果信息，让孩子们理解关键的进化机制。这些故事书介绍了种群中的特征变异，气候变化导致的食物变化，不同个体获取食物能力的差异及由此产生的健康和生存差异，以及健康差异对繁殖的影响。此外，故事书还涉及特征遗传和多代之间特征分布的变化。令人惊讶的是，即使是年仅 5 岁的孩子也能在抽象层面上理解这些概念之间的关联和机制。这些新知识使他们能够在 3 个月后正确推理出关于进化的新案例，且不受先前固有偏见（如本质主义偏见）的影响。

如果新理论得到良好的教授，即使在学龄前儿童中，也能在很大程度上替代民间的错误观念。[17] 为了确保产生长期影响，需要在接下来的几年中持续阐述新理论，并提醒学生注意早期误导性理论的缺陷。然而，关于内容的深入阐述很少在连续多个学年中出现。对于早期误导性理论，人们很少对其关键缺陷进行讨论，但如果不对错误案例进行分析，它们可能会因被提及而得到强化。[18] 当我们鼓励学龄儿童提出关于“为什么”和“如何”的问题时，其实是在支持他们天生的惊奇，帮他们享受新发现带来的惊喜和深刻见解带来的乐趣。

早期对于物理学、心理学和生物学的朴素信念可能会对科学技术的学习产生影响，特别是当教育未能纠正这些误解、未能提供足够强大的因果概念结构来纠正早期理论，并扼杀惊奇时。根据施图尔曼的观点，人类思维的某些方面“被构建为以增强生存能力的方式来感知环境，这与科学分类并不总是一致”。[19] 高质量的、引人注目的机制知识让我们看到了早期思考方式的真面目：有用的初始垫脚石，仅此而已。

早期遗留的影响可能在快速反应方面起到一定作用。将地球视为太阳系中心的模型在计算轨道时可能并不理想，但在快速猜测日落时间方面可能比真实模型更有效。尽管这些早期模型可能对正确的科学发展构成阻碍，但其中一些模型由于具有高效性而得以保留，并提供一定的价值。[20] 这些模型的价值取决于我们是否意识到它们的启发式用途和局限性。

总之，无论是特定现象的详细但错误的模型，还是歪曲数据收集和代表性偏见所造成的误导性影响，其对日常思维的歪曲程度主要取决于早期干预。[21] 后天习得的知识经过大量练习和自动化处理后，被称为“心智工具”，它可以打破认知的影响。[22] 早期影响可能为我们最初理解大量因果信息提供了良好的起点，但我们必须将这些影响转变为适当的辅助角色，而不是主导角色。当孩子探索和发现的天性得到支持时，引导他们选择更高质量的知识来替代旧知识就会更加容易。

共存困境

> 各个年龄段的人都有可能相信两种相互冲突的解释。这种解释共存或解释多元主义的问题普遍存在。[23] 我们会容忍甚至忽视明显矛盾的因果关系。有时我们会长期坚信两种互不相容的说法，直到其中的矛盾被明确指出。

心理学家威廉·布鲁尔（William Brewer）曾多次向我讲解他是如何让大学生解释伊利诺伊州等地为什么会有夏天和冬天的。他们通常回答说：“地球在冬天比夏天离太阳更远，所以吸收的太阳热量更少。”然后布鲁尔问：“当伊利诺伊州是冬天时，澳大利亚是什么季节？”学生们往往迅速回答说：“当然是夏天。”但随后，他们往往会露出恍然大悟的惊讶和尴尬表情。他们意识到这两个说法不可能同时成立，但坚信了几十年。

这些明显不相容的内部矛盾看似罕见，实则非常普遍。认真思考所有复杂的系统后，你可能会意识到自己长期以来相信的两件事情不可能同时成立。比如，如果深入思考为什么最高潮位会在新月和满月时出现，我就会意识到自己可能有矛盾的信念。我相信新月时出现超高潮位是因为月球和太阳都在地球同一侧，合力产生更强的引力作用。但是，在满月时也会出现超高潮位，而此时月球与太阳位于地球的两侧。我不知道满月时的总引力是否减小，从而产生比新月时更小的潮汐。如果只有在新月期间才会出现每月一次的大潮，我将会很乐意接受这种解释。但当地的潮汐时间表显示，太阳和月球从两侧“拉扯”海洋与从同一侧“拉扯”海洋的效果相同。我现在可以编造一个故事来解释，但这与我最初的信念不完全一致，我对新的解释也不太有信心。当我深入思考向日葵为什么白天会追随太阳从东向西移动，而晚上会从西向东移动时，我很快发现了类似的因果信念冲突。后来我才知道，向日葵晚上并不会回到原位。

我们对熟悉事件的因果模式很少做完整的解释，而是拥有一堆因果关系的碎片，它们本身具有一定的意义。当需要完整阐述时，我们只是假设这些碎片能够很好地结合在一起。因为我们很少尝试生成完整的解释，所以很少失败。我们会查阅资料或询问他人。在这个过程中，我们的先验知识的碎片可能会变为兼容的形式，而我们并没有意识到这种变化。当事情顺利进行时，这些碎片能够让我们更快地理解，同时并不引起矛盾，因为我们无意中调整了它们早期的形式使其相互适合。如果强迫自己弄清楚一切，我们可能会意识到自己的矛盾之处，或者，如果一个狡猾的审讯者提取出我们之前所有的信念，这些矛盾就会暴露出来。这也是天赋出众的辩护律师能够质疑甚至驳斥专家证人的原因。

通过在不兼容的系统之间设立边界，我们能够容忍矛盾性解释的共存，并制定“交战规则”来协调两者之间的关系。这种方法被科学家和普通人广泛采用。我们可以将一个系统看作远因，另一个系统看作近因。比如，信奉宗教的进化生物学家经常表达这样的观点：自然选择是物种起源的基础，但整个化学、物理和生物学的架构都是上帝有意设计的。上帝静观其变，看着这一切按照自己设计的架构和自然法则发展。[24]

我们还可以将相互冲突的信念划分为不同层次和不同类型的解释。在宏观层面上，我可能认为原因必须在时间上先于结果，但在量子层面上则不然。实际生活中，我可能会相信“你越练习什么，它就会变得越好”，也可能会相信“你越练习什么，它就会变得越糟”，但我会将第一个信念限定在生物学和心理学的范畴内（如肌肉、解决问题等），而将第二个信念限定在许多人造物上（如刀片、砂纸、船帆等）。我们经常默默地设立这些边界以减少冲突。在戴维·布林（David Brin）的小说《实践效应》（*The Practice Effect*）中，这种冲突尤为明显。书中说到一个星球，在那里物品不会随着使用而被磨损，相反会越来越好用。钝剑越使用越锋利，篮子越装重物越结实。如果这些物品不经常被使用，它们会随着时间的推移而变得破旧。读者起初对此感到困惑，直到他们突然理解了实践的隐喻，并将所有物品归入生物学和心理学的范畴。

与此相关的一种策略是将信念限制在同一解释层次的一个小范围内。比如，我可能认为某些生物（植物）必须将二氧化碳转化为氧气，而另一些生物（动物）则必须将氧气转化为二氧化碳。通过这种信念分类，我们可以避免不必要的紧张感。即使现实世界很混乱，我们也假设模型只适用于特定领域，而不适用于其他领域。比如，在竞争环境中，人们可能会使用零和模型（zero-sum model）来解释群体资源的使用，而在合作环境中，人们可能更喜欢使用正和模型（positive-sum model）或双赢模型（win-win model）。[25] 同样，在正式场合（如高级下午茶活动）中，我们可能会通过礼仪规则来解释行为，而在非正式场合（如自发庆祝体育比赛胜利的派对）中，情绪状态可能主导对行为的解释。

我们会忘记自己经常违背信念。一个相信占星术的人可能在早餐时担心某些星体的不利排列会带来负面后果，但在同一天晚些时候却通过了关于引力的平方反比定律的物理考试。一位外科医生可能在无菌技术上表现出色，但在捡起掉在地上那心爱的薯条时却依赖于“5 秒法则”。这些矛盾对大多数人来说可能是常态，只有少数人会意识到其中的冲突并想办法解决。此外，这些矛盾可能是因果冲突，也可能是不太合逻辑的低层次关联。比如，尽管珊瑚与描述无生命物体（如“珊瑚项链”）或植物的词组（如“珊瑚生长”“珊瑚采摘”）强相关，但它实际上是动物。最强大且有影响力的矛盾是来自不同解释之间的矛盾，而不仅仅是关联物之间的矛盾。[26]

我们常常以不作为的方式来应对并存的矛盾信念。我们不会主动按照因果关系远近、解释层次、内容领域或背景来区分这些信念。相反，我们会被动地让自己的观点随着时间压力等当下环境因素而变化。这一过程类似于“快思考与慢思考”的经典描述。快速但不完善的思考很容易支配慢速但更具反思性的思考。[27] 当面临亟待解决的问题时，即使我们知道那些容易计算的启发式方法是错误的，也喜欢采用它们。然而，在关键时刻，丰富的经验和娴熟掌握的知识可以取代启发式认知。[28] 比如，一个经验丰富的火箭设计师不会像许多人那样简单地将火焰视为物质，而是始终将其视为涉及各种气体的复杂化学反应。

增强对各种应对过程的元认知意识，可以更好地监控这些过程可能存在的陷阱。此外，发展良好且易于应用的知识体系（包括理论、模型和框架）有利于推翻最初令人信服的解释。[29] 在某些情况下，我们可能会默许一个错误的、简单的事情。[30] 我们可能会出于各种原因屈服，无论是追求社会一致性还是基于风险的评估（如“我认为这非常不可信，但相信它的风险很小，不相信它则要付出巨大的代价”）。对于特定年龄的孩子来说，圣诞老人就是一个典型例子。更成熟的惊奇促进了对元认知的洞察，从而使我们能够更加灵活和有策略地管理共存的矛盾。

洞察力与理解力的错觉——认识的误区

假设你的马桶冲水效果不好，一位水管工说，可能是因为马桶的管道发生了腐蚀。为了清除管道里的腐蚀物，需要更换从马桶到主要供水口的铜管。水管工详细解释了机制故障，你认同地点头，因为你感觉自己被认真对待，并且被视为能够理解为什么需要更换昂贵管道的人。然而，在这种情况下，你实际上成了骗局的受害者，这还加剧了你的错觉。大多数人相信自己对家庭马桶的工作原理有一定了解，但实际上他们对此了解甚少。[31] 事实上，马桶没有直接的供水管道。然而，大多数对马桶了解较少的人会接受水管工误导性的但听起来正确的解释，因为它与我们的错误认知相一致。

除了遗留问题对我们理解力的影响外，我们对知识本身的看法也至关重要。我们对知识的本质、数量、获取方式以及人们信念的看法，会被认知扭曲所影响。我们已经掌握的知识会影响我们对所知内容的判断，通常我们推断出的知识会远远超出我们的知识范围。

我们实验室最早阐述的一种知识过度延伸的例子是“解释深度错觉”（illusion of explanatory depth，IOED）。[32] 这种错觉会发生在人们被问到对事物工作原理的理解程度时。当被问到冰箱、抽水马桶、拉链、钢琴的工作原理时，人们往往自信地预测自己能够提供相当详细的解释。然而，事实上，他们通常只能给出最简单的解释。当试图详细解释时，他们会惊讶地发现自己所知甚少。

我们早期研究中的一些访谈内容可以说明这种情况。

WONDER
认知实验

提问：冰箱是如何工作的？

参与者 A：我想想。通电会让冰箱制冷。等等，有一个电机会让冰箱内部变冷……好吧，里面有氟利昂。我觉得这和氟利昂有关，但是它是如何变冷的？哎呀，我也不知道。

提问：抽水马桶是如何工作的？

参与者 B：当你按下手柄，水箱里的水会全部排到便池里，便池会装满水并冲走污物，污物被输送到污水管道中。之后，水箱会重新装满水。

参与者 C：按一下手柄，水箱里的水会被吸下去，新的水就会重新装满水箱。

提问：拉链是如何工作的？

参与者 D：想合上拉链时，就将拉链头向上提，使两边相合。拉开拉链后，两边会分开。

参与者 E：拉链会以某种方式锁定或松开拉链齿。

提问：钢琴是如何发声的？

参与者 F：按下钢琴上的琴键后，压力与钢琴内部的某些部件（我不知道是什么）产生关联，就会发出声音。

参与者 G：琴键就像一个杠杆——敲击琴键时，钢琴内部的一根横杠就会升起。这根横杠撞击另一根横杠，使其振动并发出声音。

参与者 H：当你按下琴键时，钢琴后面的琴键也会被按下。当你松开它时，钢琴就会发出声音。

那些对自己的解释有信心的人，在正式解释时往往什么也说不出来。他们只是简单地重新阐述要解释的现象，有时还试图使用晦涩的专业术语进行掩饰，还有时他们会编造明显错误的说法。大多数时候，他们很快就能意识到高估了自己的知识深度。当他们偶尔提供一个明显错误的解释时，会自欺欺人地相信自己理解了，但别人一旦追问就会暴露他们的无知。比如，有几个人解释直升机的工作原理时，会将其想象成一个朝上飞的刚性材料的螺旋桨。他们以木制玩具为模型，当用手掌旋转立柱时，木制玩具会飞起来。然而，当被问到直升机如何从盘旋状态过渡到前进状态时，他们傻眼了，明显被难住了。他们突然意识到自己对直升机的飞行原理一无所知（见图 7–1）。

解释深度错觉已在生物学、物理学、政治系统和精神障碍等多个领域得到广泛研究。[33] 在我们的研究中，当参与者承认自己严重高估了对两种设备（如弹簧锁和冰箱）的了解时，我们发现这种错觉仍然存在。当我们向参与者说明其他参与者解释的是不同的物品时，很多参与者感叹道，如果他们能够解释那些物品，他们的表现会更好。实际上，无论是哪种物品，解释深度错觉都是普遍存在的。

解释深度错觉不仅是对能力的普遍过度自信，[34] 与其他类型的知识相比，参与者在对知识的初始评估和后续表现上，对解释性理解的差异更为显著。事实上，对解释性理解的错觉要比对程序、事实或叙述的理解更强。比如，当人们被问到如何拨打国际电话（程序）时，他们通常会准确地评估自己的能力。同样，如果人们被问到塔斯马尼亚州的首府在哪里（事实），他们会迅速辨别自己是否知道答案。当人们被问到对电影《泰坦尼克号》情节（叙述）的了解程度时，通常他们的评估也相当准确。

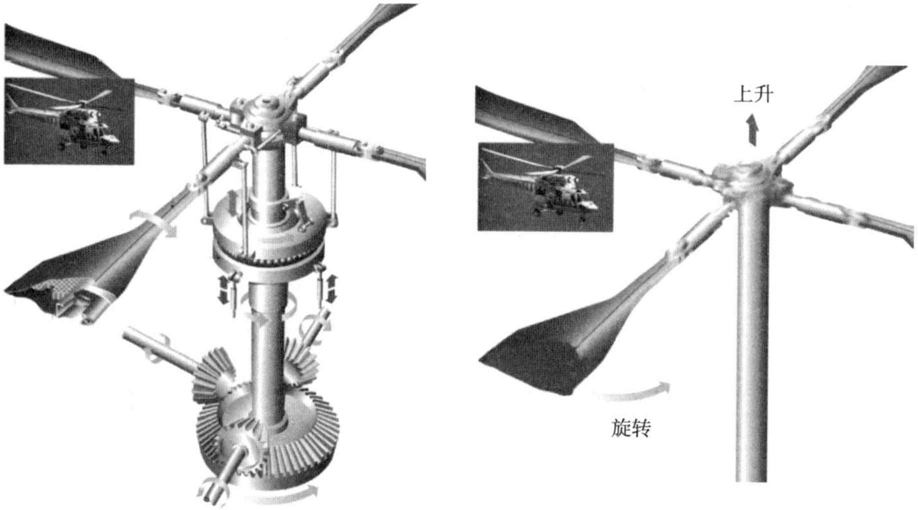

（a）人们以为自己知道的 （b）人们实际知道的

图 7–1 普通人和专业人士对直升机飞行原理的解释

注：人们可能会严重高估自己对直升机工作原理的理解。许多成年人认为自己对直升机的工作原理有接近（a）的知识水平，但实际上他们只有（b）这样的知识水平。

资料来源：Keil, F.C.（2003）. Folkscience：Coarse interpretations of a complex reality. *Trends in cognitive sciences*, 7(8), 368-373。

与其他类型的知识相比，对解释性理解的错觉特别强，原因在于几个过程。人们经常会把知道一件物品的功能与知道它是如何工作的混为一谈。比如，我可能擅长使用手机 GPS，但并不知道地理位置是如何确定的。人们在使用物品时会产生熟悉感和自信心，但这与知道物品的实际工作原理是两码事。有时，功能和机制是交织在一起的，以至于对许多组件功能的全面了解也能传达出对机制的认知。如果一个人对冰箱主要部件的功能了如指掌，那么这些功能及其相互作用会给人一种对机制的感知。但是，大多数人对功能的理解还没有达到这种层次。

解释深度错觉与对事实和许多程序知识的估计不同，因为我们通常可以快速测试自己是否知道一个事实或能否成功执行一个程序。学习脚手架错觉揭示了我们有时会高估自己对程序知识的了解程度，但这仅限于结构严谨的情境。解释深度错觉的独特之处在于我们很少提供完整的解释。虽然我们经常迅速报告事实或演示程序，但很少对事物的运作过程进行全面解释。相比之下，我们叙述知识的准确性更高，这可能是因为我们经常进行复杂的叙述。类似叙述故事是增进社交联系的有效方法，而解释事物的工作原理通常不会起这样的作用。

解释深度错觉与解释的对象密切相关。我们往往忽略了在解释某物品的工作原理时能够实际看到或操作物品的重要性。比如，请一些人在没有订书机的情况下详细解释订书机的工作原理，他们通常很快就会停下来，因为无法将所有部分组合在一起，形成一个完整的因果链。然而，如果将订书机摆在他们面前，并且允许随意摆弄，他们通常会给出完美的解释。人们会误认为完整的解释全在脑子里，实际上依赖于在场的物品来填补知识空白。因此，当我们忽视物品本身对知识的支持程度时，解释深度错觉就会滋生。

我们还忽视了自己所在的知识群体。心理学家史蒂文·斯洛曼（Steven Sloman）和菲尔·费恩巴赫（Phil Fernbach）记录了一个奇特的现象，即当我们意识到专家的存在时会放大自己的理解力，这是因为我们开始混淆他们脑中的知识与自己脑中的知识。[35] 这种现象在一定程度上是有道理的。换句话说，如果我们能轻松地从其他人的头脑中获取相关信息，就可以说自己知道某件事物是如何运作的。哲学家安迪·克拉克（Andy Clark）和戴维·查默斯（David Chalmers）阐述了我们如何将当前世界的许多知识转移到周围的物体上，比如手机或纸笔。他们将这种现象称为扩展思维。[36] 我们不仅可以将知识转移到方便移动的物体上，还可以将知识转移给他人。实际上，几十年来一起生活的夫妻经常会自然而然地做到这一点，毫不费力。[37]

孩子比成年人更容易产生解释深度错觉。[38] 对于孩子来说，这种错觉可能更具适应性。将从外部获取的知识与他们头脑中的知识等同起来，可以减少他们对自己无知的沮丧感。通过轻松获取照顾者提供的解释，他们确实“知道”许多事情。

我和哲学家罗布·威尔逊（Rob Wilson）说过这种错觉，如果可以在需要的时候从其他来源轻易地获取不必要的细节，那么这种错觉提供了一种不深入探究这些细节的方法。[39] 对于那些元认知能力有限、工作记忆较弱的孩子来说，这种错觉尤其有益，因为它让他们避免因试图记住大量细节而失败。重要的是，解释深度错觉并没有否定孩子在发展早期感知世界的惊人能力，相反，它说明了抽象思维和学习在驾驭其他领域知识方面的重要性。他们对于外部信息来源的相对无视，能让他们产生虚假但有益的能力和自主感。在某种程度上，他们感受到了自己未来的能力。

解释深度错觉在孩子身上表现得更加强烈，因此能够让他们避免因真实的无知而感到气馁。克里斯蒂在关于孩子的过度乐观主义的讨论中提到了这个观点。[40] 所有错觉都导致我们低估了自己依赖他人来填补知识空白的程度，这不仅对科学领域有影响，也会给私人和公共生活的许多方面造成影响。[41] 我们可能也低估了自己与科学家之间的差距。苏格拉底在《柏拉图对话录》中说过“我知道得越多，就越意识到自己的无知”，[42] 现在看来，我们知道得越少，就越认为自己知道得多。

有些知识错觉涉及解释的层次。比如，当了解与心理学研究相关的脑部扫描后，人们往往认为这些研究比没有提及脑部扫描的研究更具科学依据。我们实验室的研究表明，人们容易将没有神经科学内容的研究成果概括为空洞和循环论证而拒绝接受，但当这些空洞和循环论证与脑部扫描的无用信息相关联时，人们却将其视为重要且有价值的信息而接受。[43] 仅仅提到神经科学研究，就能把科学怀疑论者变成易受骗的潜在受害者。更广泛地说，人们在解释问题时会强调基础科学，这暴露了还原主义的偏见。孩子在更大程度上表现出这种倾向，严重低估了心理现象的复杂性，如语言学习能力。[44] 更极端的案例提醒我们，冲动接受较低层次的观念是危险的。哲学家福多尔认为试图用货币的物理运动来解释经济学原理是愚蠢的，[45] 在数字货币和区块链时代尤其荒谬。因此，我们可以清楚地看到要开发一种连贯、可理解且能够跨越多个层次的机制性解释是不可能的。

当人们使用搜索引擎时，会产生一种终极知识错觉。人们会认为可以轻松获取的某些信息存在于自己的脑海中。为了证明这个观点，我们进行了一项实验：一部分人被要求上网搜索马桶的工作原理，另一部分人则阅读了写有同样信息的纸质文档（网络搜索结果被操纵以与纸质文档内容相同）。那些上网搜索的人自以为对其他可搜索的信息更加了解（如冰箱的工作原理），但对于无法通过搜索获得的信息了解较少（如父亲选择某个职业的原因）。[46] 我们很容易将能轻松获取的信息与自己真正掌握的信息混为一谈。

这些研究让我想起了在康涅狄格州的家中遇到的特殊情况。我们家生活在一个半岛上，这个半岛一直延伸到长岛海峡。我们家所在的位置没有手机信号。当飓风来袭时，道路会被几米深的水淹没，所有电力供应都会中断，我们就会与世隔绝。我们在康涅狄格州生活的 23 年里，这种情况已经发生过两次，每次都让我感觉自己在变笨。我都忘了自己是多么频繁地用笔记本电脑或手机搜索信息。当这些资源被彻底剥夺时，我感到自己越来越无知。这种特殊的认知错觉显然与互联网和搜索引擎的兴起有关。约 40 年前，当我们住在纽约州北部的一个湖边时，也常常因为暴风雪而与世隔绝几天。但我们没有同样的知识丧失感。我们有大量的参考书，包括 1929 年版的《不列颠百科全书》以及一书架的近期年鉴、地图集和科学书籍。我们每天都会翻阅这些书籍。也许书架的存在会让人产生一种知识错觉。然而，与搜索引擎相比，这种错觉要弱得多。现代搜索引擎提供的信息获取的便利性和即时性使我们对互联网的依赖不那么明显，而当我们翻阅书籍时，感受就不同了。从这个意义上说，书籍可能培养了更高程度的智识谦逊。

保持惊奇和持续沉浸在 PHED 循环中有助于控制知识错觉。通过更多地关注令人费解的现象，并提出正确的问题，我们能够认识到自己和他人的认知差距。特别是在对机制原理的理解上，我们可以着重弄清楚自己知道和不知道的内容。同时，我们也能更好地理解周围认知劳动的分工，清楚它们如何助长错觉的产生，以及为什么这种认知感很有用。通过这一过程，我们能学会如何从容面对认知差距，而不是满足于误导性的错觉。

博学：漫游的惊奇

尽管普通人可以通过准确的机制细节来纠正早期的错误理论和知识错觉，但我们能否合理地假设大多数人会在日常生活中经常这样做呢？也许，持续抵制错误信息的诱惑对大多数人来说过于困难。考虑到自然界和人造界中错综复杂的因果关系，这些复杂性随着新的发现或发明而增加，我们也许无法摆脱童年时代的误解。具有讽刺意味的是，那些天赋异禀的人似乎无所不知，是因为他们知道如何管理错误信念和知识错觉。这些博学多才或者“文艺复兴”式的人反复强调，他们之所以与我们不同，只是因为他们年少时的惊奇经历十分有益，令人思维开阔，以至于他们不禁继续追寻惊奇。

当一个精力充沛的孩子完全沉迷于惊奇时，会发生什么呢？在 19 世纪之前，一种可能的结果是成为知识分子、文艺复兴人物或博学者。然而，随着科学技术的日益复杂，能真正掌握所有学科重要思想的博学者似乎不可能存在。我们可以回顾达·芬奇的例子，他是一位博学者，在建筑学、解剖学与生理学、植物学、物理学、工程学以及绘画等领域都有巨大的成就。传记作家沃尔特·艾萨克森（Walter Isaacson）在一篇非常认同惊奇作为推动力的文章中写道：“他之所以想知道，是因为他是达·芬奇——求知欲强、热情且始终充满惊奇。”[47] 达·芬奇之后，在 1700—1810 年还出现了许多知名的博学者，包括戈特弗里德·莱布尼茨、艾萨克·牛顿、本杰明·富兰克林、米哈伊尔·罗蒙诺索夫、托马斯·杰斐逊、玛丽·萨默维尔和伊拉斯穆斯·达尔文（查尔斯·达尔文的祖父）。

实际上，没有人能够完全掌握所有领域的知识。在许多手工艺领域，比如编织，可能需要几十年的时间才能成为专家。在 GPS 时代之前，伦敦的出租车司机可能需要很长时间才能完全了解这座城市的地理情况。在有文字记载的历史上，没有一个人能够全面掌握所有领域的知识。**在 19 世纪初，第一种，也是人们理想中的博学者应该对广义上所有研究领域都有深入的了解。他们应该对自然和技术领域的重要课题有基础性的理解，并且在艺术和人文领域具备优势。他们应该了解各种机制、因果关系和抽象形式的原理，而不仅仅是琐碎的事实。他们应该能够立即对任何学科中的前沿学术研究作出重大贡献。**一个博学者应该知道解释动物和植物功能的重要原理和机制、各类机器的工作原理、行星和恒星的运动方式，以及天气的变化原理。此外，博学者应该熟悉化学、植物学、数学和逻辑学的各个领域，对人文和社会科学方面的知识也应有涉猎，但不需要全面了解。似乎有一种默认的看法，即这些领域的全面知识是不必要的，只要有一些精彩的见解就足够了。令人感到遗憾的是，被提名的博学者总是男性。

在 19 世纪初，人们相信可以对一切事物进行全面了解。当时，对人体运作的全面了解只是现代医学和生物学的一小部分。此外，化学刚刚起步，科技也处于初级发展阶段。我们可能还没有意识到两百多年前科学的局限。科学作家爱德华·多尔尼克（Edward Dolnick）描述过 1700 年左右英国皇家学会（当时世界上最重要的科学学会）的辩论主题，这让我们感受到了这些局限。[48] 该学会曾通过实验想验证一个观点：将蜘蛛放置在由独角兽角粉组成的圆圈中心，蜘蛛将无法离开圆圈。幸运的是，这种说法被推翻了。该学会的一位知名化学家相信，只要向白内障患者的眼睛里吹进一些由人类粪便制成的粉末，就能治愈白内障。此外，该学会的几位领导成员坚信美人鱼的存在。

19 世纪初，英国皇家学会记录的论文虽然不再那么奇特，但仍包括《一只畸形羔羊的故事》《在象牙中发现了铁枪头》《有关狼、豺和狗都是同一物种的观察》《有关植物易怒性的一些观察》等。阅读这些论文是一次非凡的体验，你可以意识到，除数学上的一些内容外，绝大多数内容都可以被拥有不同背景的人轻松理解。此外，这些论文的主题非常广泛，不仅涵盖了天文学、化学和物理学中革命性的研究，还包括更多幻想和离奇的内容。在 21 世纪末，人们可以明显地感觉到知识在加速积累，科技进步的速度超过了所有人的能力。同时，科学逐渐从其他课题中脱颖而出，成为人类追逐的目标。

一些人凭借抽象的机制知识，在众多领域作出了重大贡献。这些人并不都是富有的贵族，也不一定接受了最好的教育。然而，在 19 世纪初期，随着科学技术的蓬勃发展，这种博学者逐渐消失了。至少有 5 本不同的书以“最后一个无所不知的人”为主题，虽然选取的是不同的人，但都认为知识发展到一定程度，真正无所不知的博学者就不可能再出现了。

我最喜欢的博学者是托马斯·杨（Thomas Young）。尽管杨并不像其他人那么出名，但却是最令人印象深刻的博学者。在1802—1803年，他在新成立的英国皇家研究所和老牌的英国皇家学会举办了近百场系列讲座，几乎涵盖了所有已知的科学领域以及更多其他领域。这些讲座的内容非常丰富且深刻。他提出了光的波动理论，并指出了牛顿的“微粒说”的关键缺陷。他制定了弹性模量，这个概念在工程学中具有重要的基础性意义。他发现了人类视觉的几个基本机制，包括调节、散光和颜色知觉的产生（三色论）。他提出的一个重要见解为商博良解读罗塞塔碑奠定了基础。他推导出了控制毛细管压力和表面张力的方程，并取得了多项关于心脏和循环系统生理学的重要发现。他精通多种语言，并根据它们的语法和词源编制了400多种权威的语言分类法。他还是埃及学专家，发明了一种乐器调音方法，进一步发展了音乐和声音的理论。另外，他设计了一种计算人寿保险的方法，并研究了海洋潮汐模型。他在木工领域也有贡献。这些只是他众多成就的一部分（见图7-2）。[49]

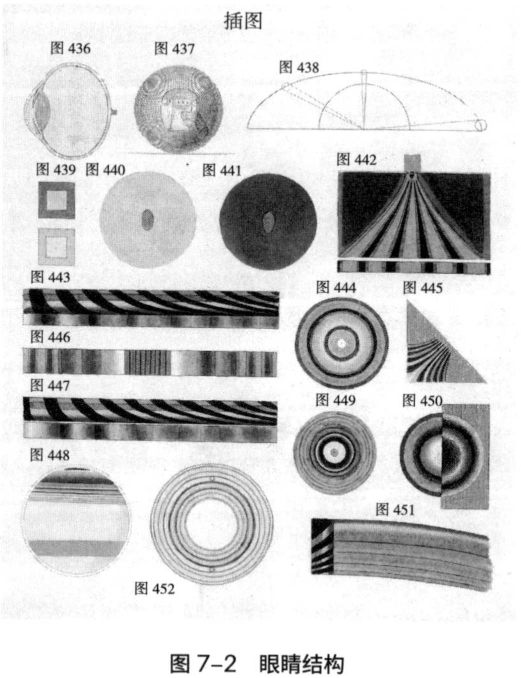

图7-2　眼睛结构

注：这张插图是1802年，杨在英国皇家学会做演讲的报告中的一页。展示了杨对眼睛结构的深入理解。他详细讲解了视网膜上图像的倒置现象，并进行了与光相关的双缝实验（这项研究推动了光的波动理论的发展，并最终为量子物理学奠定了基础）。整个报告共有63页，涵盖了科学和工程学领域的多项重要发现。

杨是如何达到如此非凡的知识深度和广度的呢？他将其归功于对终身学习的不懈追求，并频繁提及学习和洞察所带来的乐趣。他坚称，解决那些具有挑战性的智力问题能使自己保持活力。确实，在他临终之际，一位朋友劝阻他继续编写埃及字典，担心他会过度劳累，他却表示非常渴望继续下去，因为这对他而言是一种“极大乐趣的来源”。[50] 他出生在一个中产阶级家庭，家里共有 10 个孩子，经济状况相对稳定，但并非特别富有，他也没有接受过高等教育。他对学习、探索和发现的动力似乎就像学龄前儿童对“认知类固醇”① 的惊奇。

杨的一个最非凡的见解涉及他对建立与众多不同事物相关的有用概念的认知过程的看法。他写道：

> 对于推动知识进步，适度遗忘似乎是明智和仁慈的……它使我们能够轻松地回顾各种对象和事件的重要特征，并通过无意识的抽象思维和概括对它们进行分类和推理。相比于浅浅记住所有细节，这种方式更为便捷。[51]

在这里，杨简明扼要地总结了孩子和成年人在遇到复杂和详细的信息时必须采取的方法。他们需要将经验细节转化为抽象概念，并将细节抛在脑后。此外，这些抽象概念还必须能应用到其他情况中。杨同时也是一位杰出的认知科学家。他预见到，抽象思维和概括将成为认知上应对持续发展的科学和技术知识的核心。

19 世纪初后，即使有人从所有不重要的细节中进行抽象转化和概括，也无法掌握所有的知识。这是因为知识的发展已经超出了个人的认知能力范围。**在这样的背景下，出现了第二种博学者。第二种博学者的典型代表是出现在 20 世纪 60 年代和 70 年代的诺伯特·维纳、理查德·费恩曼和赫伯特·西蒙等人。他们之所以被称为博学者，是因为他们具备解决问题和快速学习的通用能力。**他们掌握了多种基础模型和令人印象深刻的认知工具包，因此能够在各个研究领域迅速取得进展。虽然他们并非无所不知，但他们可以通过先前建立的解释系统来快速学习新领域的知识。

① 类固醇是一种可以增强肌肉力量和体能的药物。——编者注

关于维纳的故事比比皆是，他能够轻松加入任何对话，并很快为具有挑战性的问题提供新颖的解决方案。有时候，他甚至能够同时参与两场对话。西蒙对所有能带来智力挑战的事物都感兴趣。即使面对不了解的主题，他也能够立刻发现它与自己已经了解的领域之间的联系。

费恩曼以迅速诊断新问题而闻名。他因确定“挑战者号”航天飞机爆炸的原因而家喻户晓。事故中，助推器的O型环密封圈失效，导致可燃气体燃烧。费恩曼通过仔细观察和提问发现了这个问题。在美国国家委员会调查此次灾难的电视会议上，他将一个O型环浸入一杯冰水中，从而证实了这个问题。尽管这个问题与他的主要研究领域没有直接关联，但他在几天之内解决了困扰该领域专家数月的难题。费恩曼的重要性在于他经常反思科学思维的本质。以下摘录来自采访和费恩曼的著作，[52] 与本书的许多核心主题密切相关。

> “我是一个努力学习的普通人。世上没有奇迹般的人。他们只是碰巧对某件事感兴趣并学到了相关知识。他们只是普通人而已。”
>
> “我什么都不知道，但我知道，只要你深入研究，一切都很有趣。”
>
> “我很早就了解到了知道某个东西的名称和真正了解它之间的区别。”
>
> “第三种判断想法是否正确的方法虽然相对粗略，但可能是最有力的，即通过粗略的近似来判断。虽然我们可能无法解释亚历山大·阿廖欣为什么会移动某颗国际象棋棋子，但我们可以大致理解他将棋子聚集在国王周围以保护它，因为这在当时的情况下是明智之举。同样，我们通常可以或多或少地理解大自然，而不需要看清每一个小棋子在做什么，这是基于我们对整个过程的理解。”
>
> “我们绝对要给怀疑留下空间，否则就不会有进步，也不会有学习。不提出问题就没有学习，而提出问题需要怀疑。”
>
> “科学的冒险精神——进入未知领域的冒险，必须承认某些事物是未知的，才能对此进行探索。”
>
> “我总是像孩子一样寻找惊奇，我知道我将要发现它们。也许不是每次，但偶尔会发现。”

以上摘录揭示了所有人共同拥有的认知能力。费恩曼强调了每个孩子都具备的思维和学习方法，我们应该保留并进一步发展这些方法。在很多时候，这些方法类似于对惊奇不同方面的感受。

虽然在20世纪六七十年代，人们不可能知道一切，但是仍有少数非凡的人能够迅速了解各种新领域，并参与到最高水平的讨论中。虽然他们不能同时掌握所有知识，但能够深入了解各系统的已知内容，并很快达到与顶尖专家相同的水平，为解决问题提供同等作用。[53]

在21世纪20年代，上述第二种博学者似乎也已消失。科学和技术领域中的许多机制性解释变得极其复杂，以至于要花费数年时间才能完全参与最高级别的讨论。这需要掌握许多背景知识。我的凯旋喷火汽车没有晶体管，但如今的汽车却有数十亿个晶体管。电路中嵌套的阵列，可能达数百层。现代分子生物学依赖大规模数据分析和计算技术来了解基因通路及其相互作用。研究人员越来越专业化，单篇论文的作者数量可达数百人。2012—2018年，作者超过千人的论文数量从0篇增加到了100篇。[54]更广泛地说，在过去的一个世纪，每篇科学论文的平均作者人数增加了5倍以上。[55]

在21世纪20年代，第三种，或许也是最后一种博学者可能会逐渐形成。这些人并不是什么都懂，也不能很快在大多数领域与顶尖专家平起平坐，但擅长识别顶尖专家，并从他们那里获取可用的解释和见解。这些人仍然必须了解大量科学和技术领域的抽象因果模式和机制，以便知道如何找到专家，但他们无法获得高水平的实时专业知识，也无法成为真正的同行。与其他两类博学者一样，这些人也可能是从幼儿时期就持续热爱探索。那么，谁属于这第三种群体呢？他们可能是马尔科姆·格拉德威尔（Malcom Gladwell）在《引爆点》（*The Tipping Point*）一书中说到的专家。专家是那些“知道谁知道”的人。如果你想要关于某个问题的专业意见，你会去找一个专家。在21世纪初，我们都很熟悉这样的人。他们通过各种方式获取信息，成为把握独特的资源的人。他们就像人类搜索引擎。现在没有人再谈论专家了，因为都通过网络搜索或其他软件查询信息。只有少数人可能有非凡的能力，不管遇到任何问题都能嗅出最佳信息源。他们通过互联网搜索、浏览其他在线媒体和面对面交流等方式工作，最重要的是，他们对不同主题领域中反复出现的因果模式和机制有丰富的基础知识。

每周都有一些沮丧的大学生向我抱怨，他们找不到与写作主题相关的文章。然而，他们只需花上一两分钟说明主题，我便能够给他们推荐十几篇相关的论文，他们对此感到惊讶。当他们问我是如何找到这些论文时，我只是耸耸肩，因为这在很大程度上是基于我多年来在心理学和认知科学领域寻找信息的直觉。现如今，有一群博学者不管面对任何主题都能做到这一点，并且能够提出被业内专家视为核心的问题。这些博学者可能较年轻，是更接近“数字原住民”的一代人。他们显然对数字世界有深刻的理解，这是我们这一代无法达到的程度。他们持续追踪多个信息源，并跟踪这些信息源随时间的推移是否仍然实用。他们还深入了解事物抽象层面的运作方式，并持续运用这些知识来探索和评估潜在的信息源。这些博学者未来可能不会成为大学教授和知名学者，而是将重心转向现实世界的其他方面和线上社区。

机制沙漠是否将大量的因果结构埋藏在电子电路中，使得博学者不再存在？在博学者的第三种意义上，它采用更为基础的理解和对知识分布的感知，我们仍然可以变得比想象中更像那些文艺复兴时期的思想家。为了更好地了解这种情况，在适当的支持和鼓励下，孩子们可以接触到丰富多样、生动真实的机制。这为他们构建解释工具包提供了手段，使他们能够有意义地参与各领域的探究。我们并不需要了解一切，而是需要正确认识问题和答案。即使在第三种意义上，我们也不可能都成为真正的博学者，但至少可以看到，持续受鼓励的惊奇能够使我们比大多数人更接近这个目标。

发展遗留问题可能成为成年后的认知障碍。童年时期的便利虚构可能会导致日后的不便虚构。早期的核心理论和捷径能够让我们起步，但如果我们不承认也不适当管理它们，可能会导致成年后的重大失败。在最好的情况下，它们作为健康的早期支撑点存在，并在特定情况下作为有用的捷径存在。最好由文化和照顾者来管理它们，文化和照顾者会在整个童年时期精心培养探究和解释构建能力。我们可以通过构建更合理、更有说服力的解释模式和认知解读来对抗认知遗留问题和认知偏离。经过培养的惊奇可以让我们拥有强大的抽象思维和可推广的因果模式意识，这些可以作为解释的基石。了解事物运作原理是对抗第一印象的有效方法。当这种关于世界的知识与我们对偏见的元认知知识相结合时，认知遗留问题就失去了诱惑力，可以发挥支持作用。

当我们没有意识到解释深度错觉及其相关错觉时，会产生虚假的认知满足感。培养惊奇能够让我们意识到这些错觉并阻止它们产生负面影响。当我们对不同的解释产生好奇时，会看到当前理解的不足、任何解释都存在的内在不确定性以及未来概念修正甚至革命的可能性。惊奇提供了更广泛的认识视角，并培养了更强的智力谦逊。它也有助于我们感知什么时候认知理解的错觉是有用的。“知道感”表明我们可以通过获取他人意见、上网搜索信息或利用手边的物体来更轻松地深入理解。我们可以学会识别这种知道感是否反映了一种间接知识，而不仅仅是空洞的错觉。当我们不以这种方式参与并且没有惊奇时，就容易受到童年时期的偏见和知觉幻觉的影响。我们的思维变成了“误导信息流行病”的培养皿，这不仅导致了错误的信念，还导致了对科学所能提供的最佳内容的否认和不信任。

第 8 章

惊奇的缺失与伪科学的兴起

数年前，我从纽约飞往旧金山，邻座乘客是一位谢顶、穿着皱巴巴西装的男士。他非常友善。很快我便发现我们是麻省理工学院的校友，只是他比我早几届毕业。他供职于一家大型跨国公司，在一个制造客机和军用飞机喷气发动机的部门任首席工程师。他热爱工作，也热爱喷气发动机。飞机起飞后不久，他询问我对气候变化有何看法。我说："我认为温度上升主要是人类产生的二氧化碳增加造成的，这导致了温室效应。可见光可以穿过大气层，但红外线会被二氧化碳反射回地球，从而锁住了热量。"他同意二氧化碳可以困住红外线，随即又问我大气中的二氧化碳含量是多少。我回答说："还真不知道，但我推测它至少占所有气体的 10%，如果考虑到它产生的巨大影响，这个比例可能接近 30%。"他笑了笑，说："实际上要少得多——0.04%。"

他看起来真诚且知识渊博，我决定信他一回，但我却感到困惑。这么少的含量是如何产生巨大影响的呢？他问我是否认为二氧化碳是导致温度变化的主要因素。我说："肯定是。"但他回答说："实际上水蒸气导致了 60% 的温室效应，并且大气中的水蒸气含量约是二氧化碳的 100 倍。此外，不起眼的甲烷捕获热量的能力约是二氧化碳的 25 倍，而氧化亚氮（常见于烟雾中）捕获热量的能力约是二氧化碳的 300 倍。”鉴于二氧化碳只是大气中一个微小部分，而且它并非全球变暖的主要驱动因素，我又为什么如此确信是人类产生的二氧化碳引起了气候变化呢？他还说：“与自然方式产生的二氧化碳相比，人类活动产生的二氧化碳只占大气中二氧化碳总量的一小部分。”

我说：“人类产生的二氧化碳对全球变暖的影响肯定有实验证据。”他说：“这些实验无非都是小型模拟和计算模型，几乎都能证明存在相关性。”我问道：“为什么这么多科学家相信是人类导致了全球变暖呢？”他回答：“人类会相信自己想要相信的东西，这源于他们的同伴群体以及非理性的恐惧和欲望。过度变暖的负面影响如此恐怖，以至于他们认为相信它才能有安全感。大多数科学家都是自由主义者，因此对制造喷气发动机的大型公司毫无信任，比如我供职的公司。”

他虽然承认全球变暖可能真的存在，却坚称与人类产生的微不足道的二氧化碳相比，其他原因更为合理，比如太阳黑子的活动、异常的气流偏移、海洋中藻类反光性的改变等。他还提到，古代也曾发生过巨大的气温变化，比如冰河时期，而那时并无人类活动的影响。为什么我们会如此确信，人类产生的微量二氧化碳就是今天全球变暖的根本原因，尤其是当人类排放的二氧化碳仅占全部二氧化碳的一小部分时？我们的对话持续了数小时，内容涉及计算模型的不足、云层的减缓作用、滞后回归分析、非线性动态系统方程等复杂议题。面对这些论点，我始终无法给出有条理的回答。

我在加利福尼亚州下了飞机，思绪混乱。一到酒店，我就疯狂地搜索关于气候变化的一切信息，拼命想要证明自己没有被错觉所蒙蔽。我花了一些时间才重新恢复镇静。我发现那位旅伴提到的数字似乎是正确的。他并没有明显地篡改数据。随后我了解到，即使是极少量的颗粒物和氧化物分子也能产生浓厚的烟雾，遮蔽整个山脉。臭氧是烟雾的主要成分，其在大气中的比例远低于二氧化碳，然而，烟雾却清晰可见、有毒并且刺激性强。即使是比例微小的成分也可以产生巨大的影响，二氧化碳尽管被视为“微量气体”，也能产生巨大的影响。二氧化碳吸收红外线的能力远强于更常见的大气气体，因此阻止了更多热量逃逸到太空。我明白了，气候变化在特定方面极其复杂，这使得它很难被公众轻易理解。严格控制条件下的全方位实验无法实现，我们要将零散的实验数据与动态系统下规模巨大的计算模型相结合，并且专家们对两者结合的细节还争论不休。

一周后我回到耶鲁大学，偶遇一位知名的地球科学家，我询问他如何能更清楚地理解全球变暖主要由人类活动引起的确凿证据。他摇了摇头，说即便是他也不得不面对众多反对意见。他投入大量精力标记化石燃料产生的二氧化碳的独特同位素，以及其与温度上升的密切相关性，虽然统计数据呈现出相关性，但也存在时间滞后性和其他的不规则性。我的同事认为，与发现导致某种疾病的新病毒，或者测量每秒有多少中微子穿透地球相比，这完全是不同类型的问题。实际上，在 2019 年 6 月 12 日《纽约时报》的一次采访中，牛津大学地球物理学家蒂姆·加尔默（Tim Palmer）严厉批评了尖端计算模型在预测精确度上的缺陷。[1] 他表示，这些模型在如何放大湍流和涡流模型上使用的假设存疑，并且由于计算机能力的限制，用于计算的大气“网格单元”过大、过于笼统。

这段关于气候变化的争议展示了忽视惊奇、压制质疑以及丧失智识谦逊可能导致的误导性信念体系。这些精心编织的说法能够自我强化，它们可以利用令人信服的原理性片段，这些片段通常以认知迂回（cognitive detour）和理解错觉为支撑。为了保护自己不受这些威胁，我们有必要时刻保持高度警觉，甚至请一群博学者随时待命吗？在大多数情况下，较低水平的应对措施就足够了。如果我们年少时的惊奇得以保持并变得更加强大，那么对现实进行曲解的人便少得多。关键是，当我们真遇到这些歪曲事实的情况时，很快便能识破。持续增长的惊奇能孕育出一种智慧，这种智慧能辨别出尊重真相的正确解释。

在这一章中，我们将深入探讨忽视惊奇带来的严重认知后果和社会后果，尤其是在涉及复杂的因果关系和动机因素的情况下。我们将看到，当我们停止追问“为什么”和“如何”，不再思考可能存在的不同解释时，不信任、不参与和不认可会如何滋生。当惊奇枯萎后，我们在认知劳动分工中辨明方向的能力将大大减弱。同时，我们也会失去原理性解释所提供的见解，以及从具体解释中进行抽象提炼的方法，而这些方法能让我们实时地理解和评估新的解释。我们还会发现，充满惊奇的生活是如何让我们巧妙运用质疑、谨慎和敬畏，从而更好地追寻真理的。

气候变化与认知

关于气候变化，科学界的观点、实践，以及所提出机制的可行性，构成了一个支持人为因素影响的压倒性观点。大量科学研究强烈支持人类是过去一个世纪全球变暖的主要责任者。然而，即便是最强有力的实证也不是“已证实的事实”，公众需要理解这一差异。理论的修正和预测是科学不可或缺的一部分，但不应被视为致命缺陷。此外，大多相信人为因素导致全球变暖的公众，其实是基于一种盲目信任。盲目信任使他们极易受到动机驱使和虚假信息宣传的影响。虽然大多数人支持科学共识，但其实他们对相关现象的原理性知识了解甚少。一项研究总结了公众对全球变暖原理的理解情况，结果表明：只有 12% 的人对气体阻隔热量有模糊的认识；仅有 3% 的人讨论了温室效应；没有人提到温室气体在阻隔红外线与可见光方面的关键区别。然而，案例中的大多数人认为全球变暖是人为因素造成的。[2]

尽管温室效应的比喻相对简单，但化石燃料产生的二氧化碳效应难以在心智模型中简明扼要地概括。相关数据、计算建模和统计推断对大多数人来说都是认知上的挑战。相关数据的多样性超出了人们的注意力范围：海洋洋流、板块构造、陆地升温、极地冰盖、水在不同储存系统（海洋、大气、陆地表面、生物圈、土壤、地下水系统和岩石）之间的交换、不同类型的温室气体及其产生方式、云层覆盖模式、海洋中藻类的生长等。人们难以思考时间跨度过长的因果模式，这一儿时遗留下来的难题带来了更多挑战变化。[3] 人们常常将日常温度波动这样的“天气”与数十年甚至数个世纪发生的气候相混淆。最后，气候变化涉及的是随机过程，并非确定性因果链。气候科学家可能无意中为否认者提供了论据。超过 97% 的科学家支持人类产生的二氧化碳是全球变暖的主要推动力，[4] 出于不想弱化这一论断的顾虑，他们可能会忽视自己模型内部的不确定性。[5] 他们不愿公开这些局限性，这种做法可以被理解，但这也使得其他人误以为模型毫无用处。实际上，只要理解了它们的精确度限制，这些模型是可以令人信服的。

气候变化可能涉及一些难以理解的机制和复杂的统计模型。专门从事气候研究的科学家很难提供温室效应、化石燃料产生的二氧化碳特征以及一些相关性之外的解释。据我所知，有关计算机模拟的研究从未向公众详细展示过。这些原因可能导致动机、共识、地方文化以及动机性推理产生强烈的扭曲效应。约 10 年前，当我的耶鲁大学法学院同事丹・卡亨（Dan Kahan）展示文化共识和动机化推理如何使气候变化否认者坚持他们的观点时，情况尤其严重。一些在科学上具有深厚造诣的否认者甚至能利用科学片段，增加那些对科学理解不深的人的疑虑。[6]

尽管结果不尽如人意，但后来的研究显示，有说服力的科学解释可以使人们对气候变化的看法更加符合科学界的共识。最成功地改变态度的一次研究是在温室效应机制方面。在该研究中，人们通过阅读文章了解到地球如何将可见光转换成红外能量，以及大气中的温室气体如何阻止这些能量逃逸出地球。此外，文章中还阐述了人类产生的气体与捕获越来越多红外能量之间的密切联系。这一精心编写的内容使原本否认气候变化的人转变为坚定赞同者，并使本来赞同但并不坚定的人变得更坚定，形成了稳定且持久的信念。[7] 原理性解释不仅改变了人们对气候变化的信念，也通过减少错觉提升了智力层面的谦逊。[8] 当我们在早期的原理性思维基础上发展时，能够更有效地利用关于机制的新信息来调整观点。

我们可以帮助公众抵御气候变化的错误信息。[9] 首先，必须证明和传达科学共识；其次，需要警告大众注意那些出于政治或经济动机而试图怀疑科学证据和科学模型的人；最后，可以阐述虚假信息可能攻击的内容以及它们为什么是错误的。这些预防措施需要做大量的工作，并需要提前了解散布错误信息的人，还需要有针对性。一般的科学素养不能提供足够的保护，必须由惊奇带来的质疑、谨慎和敬畏来支撑。

气候变化是一个特例吗？其他伪科学现象是否和气候变化否定论产生的方式相同？在西方文化中，社会共识和文化规范超越原理性知识的情况并不常见。因此，相比于气候变化，关于转基因食品和基因疗法的观点没有发现有超越性的影响。[10] 对于转基因食品和基因疗法，详尽的原理性知识应该可以抵制伪科学的影响。极端的转基因食品反对者认为自己对这个话题了解最多，实际上他们通常了解甚少。[11]

这使得他们不太可能寻求进一步的原理性知识，更有可能主动屏蔽这些信息，认为它们并不必要。他们或许正是那些学龄前的好奇探索天性在后来被践踏殆尽的不幸的人。

超越原理的生物学

进化论不仅依赖于简单机械原理。除了被早期的核心理论和偏见扭曲，[12] 进化论还提出了新的认知挑战。比如，人类不容易理解在数千年甚至数百万年间展开的时间模式。我们预期大多数事件会在几分钟或几小时内发生。人们对进化的时间尺度感到困惑，以至于当得知恐龙在地球上漫游的时间远远超过了人类存在的时间时，常常会感到惊讶。概率和概率分布是关键概念。老虎看似是一种具有固定本质的生物，但实际上，它们是表型和基因型的分布，没有任何一个遗传序列是所有老虎共有的。没有这样的分布，自然选择就无法进行，物种必须适应不同环境。孩子乃至许多成年人都认为这样的观点并不容易理解。进化本身是一个概率过程，必须从整个种群角度而不是从个体角度进行阐述。此外，进化是难以形象化的。如果动物在一生中要经历变态发育，就像蝌蚪变成青蛙、毛毛虫变成蝴蝶那样，那将容易理解得多。我们必须思考大型动物群体跨越多代的情况，以及环境如何通过影响基因型的分布来改变表型的分布。任何具有这些属性的科学领域都可能带来特殊的认知挑战。在生物学和化学交叉领域，关于毒素和致癌物的例子就是引人深思的案例。

2018 年，在加利福尼亚州，一名身患癌症、行将就木的园丁在一起诉讼中获得了 2.89 亿美元的赔偿金，诉讼的对象是 Roundup 牌除草剂的生产商孟山都公司。陪审团需要考虑科学证据以及孟山都公司涉嫌掩盖 Roundup 牌除草剂风险的行为。此案后来上诉，赔偿金有所减少，但随后出现了许多其他案例，索赔总额高达 10 多亿美元。该案的复杂之处在于孟山都公司力图保持行业统治地位而采取的种种与本案无关却令人不快的措施。就单纯解释而言，致癌物质难以用简单的因果关系来解释。

有许多大量使用 Roundup 牌除草剂的人并未患上癌症，而那些患癌的人所患的又是各种不同类型的癌症。人们患癌可能有很多原因，同时也有大量人群在使用

Roundup 牌除草剂。这两者的交集不可避免，但这无法证明它们之间存在因果联系。要评估此类联系，需要足够复杂精密的统计分析。所有不存在相关利益的专家都认为，缺乏足够高质量的统计证据证明 Roundup 牌除草剂中的关键化学物质草甘膦会导致癌症。[13] 然而，几起庭审案件都判决了巨额赔偿。

在诉讼和政治活动中，个别悲剧事件往往会产生巨大的情感影响，导致陪审团在面对混乱的科学证据时，可能会偏向于支持起诉方。当一个遭受痛苦的人站在他们面前时，他们往往难以基于人口统计分析来冷静思考。如果陪审员对孟山都公司、Roundup 牌除草剂本身持有负面看法，无论这些看法是否与案件相关，都可能进一步影响他们的判断。[14] 关于致癌物质的作用机制，其复杂性和争议性令人头痛。这需要深入了解有机和无机化学，以及与 DNA 直接和间接的相互作用，常常还涉及对现行分类体系和模型可信度的深入讨论。[15] 最近有一篇综述文章讨论了高达 86 种不同的致癌机制。[16] 这些在机制上极具挑战性的案例很容易以一种与科学相悖的方式对认知和情感产生误导。

当案件错综复杂时，我们依靠自身去评估它们的能力是有限的。专注于原理性知识本身可能无济于事，尤其是当涉及众多不同的原理性知识时。然而，我们仍可以寻求证据被采纳的具体解释，这是一种质疑方式。我们可以询问这些证据的力度与吸烟导致癌症的证据相比如何，细致地审议细节。实际上，咨询专家并巧妙地采纳他们的建议是最容易取得进展的。即使是学龄前的孩子也具备评估知识来源的初步技能，如果能在高中及更高阶段的教育中继续培养这些技能，我们将更加有能力感知哪些专家更可信。

早期直觉理论和偏见的持续影响

儿童时期形成的认知遗留如果不经过质疑和解释任其存在，可能会强化错误信息。比如，与进化论相关的误解可能在与文化共识和动机性推理相契合时更加根深蒂固。为了消除诸如本质主义这类遗留观念的影响，教育可以推翻那些基于传统的伪科学概念（比如神创论），哪怕是在学龄儿童身上也可以做到。[17] 但是，很少有研究者尝试对那些相信地球是平的，以及信奉占星术或心灵感应的人进行类似的教育干预，这些伪科学信念可能都来自认知遗留。因为这些群体的人数较少，所以我们通常会将他们视作猎奇者甚至搞笑者，而不是视为威胁。更令人担忧的是，很多人常常不惜一切代价拥抱伪科学。最大的问题在于，当几种认知遗留相结合时，形成了极为坚定的错误信念，即使这些信念与信仰者自身的最佳利益相悖。维生素的例子说明了这种影响有多么普遍。

维生素热

我们都曾听说为了保持健康，饮食中需要维生素 C。这当然正确，如果日常饮食中维生素 C 的摄入量低于一定水平，我们就会出现健康问题。但是，究竟摄入多少才算足够呢？药店里的维生素 C 片的剂量非常多样，从 500 毫克到 1500 毫克不等。无数消费者每天至少服用两片，以抵御潜在疾病。那么，我们真正的需求量是多少？你问周围的人，他们可能会认为大概需要 500 毫克。实际上，成年人每天仅需 75 毫克至 120 毫克（哺乳期妈妈的需求量稍高），吸烟者还需增加 35 毫克。[18] 大多数人通过日常饮食就能轻松摄取到这些量，一大份土豆就足矣。尽管如此，许多人每天摄入的维生素 C 片剂量仍高达数千毫克，且花费较高。

过度服用维生素实际上是一种流行的伪科学行为，这一行为同样出现在保健品领域。依照官方定义，维生素对生物体的健康至关重要，需通过外界摄入，因为生物体无法自行合成。补充剂通常指的是无机物，比如钙。近年来，商家往往混淆概念，将同种产品同时标榜为维生素和保健品。

保健品和维生素在特定情况下对健康的确有至关重要的作用。对于饮食不均衡或有限制的人群而言，比如 18 世纪初期的英国水手和饥荒时期的灾民，他们需要维生素 C 来预防坏血病。叶酸等补充剂对于孕期女性至关重要，钙补充剂也对其他一些群体有用。然而，真正有需求的人群只占每年维生素和保健品消费群体的一小部分。2019 年，美国保健品销售额超过 320 亿美元，并且有迹象显示，未来每年都将持续增长。[19] 至少有 70% 的美国人在各个年龄段都服用过某种保健品，大约 50% 的美国人每年都会定期服用。[20] 财务分析表明，保健品和维生素是大型企业和私募集团未来投资的最有前景的领域之一。[21]

如果维生素和保健品真的对大多数人有效，那这一切倒也合理。然而，它们实际上很少给健康带来益处，[22] 多项研究未发现它们有显著的正面效果。[23] 更严重的是，消费者服用维生素的常见理由，如提升健康水平或预防疾病，其实是错误的。事实上，支持服用某种维生素的唯一科学理由是补充缺失的特定营养。[24] 过量服用某些产品可能导致中毒，且可能与处方药产生不良反应，特别是患者经常忽略向医生报告其维生素和保健品摄入情况，这会增加相应风险。[25]

极少有研究着眼于人们对维生素和保健品的痴迷。这份痴迷可能源于莱纳斯・鲍林（Linus Pauling）对维生素 C 功效的大肆宣扬，[26] 他说维生素 C 能预防感冒并加速恢复健康，这一点特别吸引人。鲍林是史上最负盛名的化学研究者之一，曾获得诺贝尔化学奖与诺贝尔和平奖。但他所宣扬的维生素 C 的益处，最终都未能得到证实。尽管如此，维生素 C 的销量自他宣传以来飙升，至今依旧居高不下。很多人认为维生素 C 能预防感冒、动脉硬化、心绞痛和癌症等多种疾病。然而，后续开展的严格控制的随机对照研究均未发现高剂量维生素 C 有任何实际效果。尽管如此维生素 C 的治疗神话仍然流传不息。

受教育群体是维生素和保健品的主要消费者，尤其是受过高等教育的人群。老年人和女性也是这些产品的常客。众多流行媒体的广告都是针对这些群体，推销相关商品。[27] 受教育程度较高者可能更清楚维生素和保健品在少数情况下的必要性，并可能因以防万一的心理而购买它们，同时他们也更有经济能力承担这些费用。一些大型药企已经悄悄并购了维生素制造商，尽管清楚这些产品无实际效用，却因其稳定的高利润而乐此不疲。相较于药物，维生素和保健品不受美国食品药品监督管理局（FDA）管制，上市也不用经过繁复的实验，因此具有显著优势。

人们对维生素效用的信仰背后存在多种因素。我们此处着重探讨与孩子对成功治疗的早期观念相关的认知偏差。克里斯蒂在实验室开展了一项关于孩子对药物作用认知的研究。[28] 虽然这项研究并非专注于维生素，但其结论同样适用于大多数维生素和保健品。在相关研究中，以下 4 种情况可以体现出儿童时期关于治疗的认知观念是如何持续影响成年人的。

首先，孩子普遍认为，口服或注射的药物对于治疗身体内部疾病比外用药或一些远程治疗方法（比如放射治疗）要有效得多。其次，孩子给药物赋予了不切实际的目的。他们认为，药丸等只针对身体的特定受损区域或存在潜在风险部位起作用。如果脚趾受到感染，抗生素就会直接到达那里。药丸就像具有热感应的导弹，能够识别问题所在，直接“赶去”并解决问题。再次，孩子认为药物是通用的问题解决者，一旦到达问题区域就能解决所有问题。最后，孩子认为药物的副作用与疾病的症状相似，并且副作用应在疾病发生的部位附近出现。

随着年龄的增长，一些观念虽会淡化，但成年人心中依旧保留着其痕迹。保健品和维生素的广告常说它们有“定向作用”或“能直达问题所在或脆弱的部位”，这与人们早期对于非生命体有主动性的观念产生共鸣。营销人员常使用“定向”一词，暗示维生素能识别目标，抵达后便能解决问题或构筑起防护罩，抵御将来的侵袭。

许多人服用维生素是为了保持健康，而非针对特定营养的不足，这一习惯源自早期将药物作为通用“问题解决者”的观念。网络上的一个讨论体现了成年人思维中“定向”观念的延续，有人提问:“布洛芬如何知道身体哪里疼？”其中一个回答是“布洛芬进入血液，被传至大脑，然后顺着疼痛信号找到神经，直达痛点”。这样的解释虽然给人一种认知上的舒适感，但也赋予了布洛芬极大的能动性甚至意图性。

广告往往将产品与健康状况之间的真实或虚构的相似性联系起来。一则流行的大脑保健品广告展示了同色发光的水母与大脑，巧妙地暗示了服用让水母发光的某种提取物，能让衰老的大脑恢复年轻时的活力。然而，大脑发光其实是基于血流模式的计算机图像重建，并非真实发光。这则广告利用了最无稽的表象相似性误导大众，深层次上完全站不住脚。对表象相似的过度关注是一种偏见。这种偏见在儿童时期尤为明显，对成年人也有影响。

维生素营销已经误导公众超过百年（见图 8-1）。我们不理解为什么那些受过高等教育的维生素消费者愿意浪费钱财，有时还可能损害健康。可能是童年时期形成的认知影响在潜移默化中发挥作用。仅在美国，每年就有超过 300 亿美元在此领域白白流失，这些资金原本可以有更好的用途。

1922年的维生素广告实拍图

2021年的维生素相关图书常见主题和书名举例

主题1：维生素能治愈所有疾病

《如何通过维生素治愈所有疾病》

《让维生素帮你的身体自愈》

《用于预防和治疗75种慢性疾病的维生素疗法》

主题2：增强身体健康

《维生素治疗糖尿病》

《用维生素和抗氧化剂抗击帕金森病和亨廷顿病》

主题3：促进精神健康和增强认知

《维生素治疗抑郁症》

《25种有助于精神健康的维生素》

图 8-1　100 多年间的维生素营销

注："维生素"一词于 1912 年首次出现在科学文献中。左侧 1922 年的维生素广告承诺了含糊而未经验证的好处：提升健康水平、提升活力和提升美貌。随后，更夸张的说法应运而生。到 2021 年，数百本关于维生素"治愈"功效的图书受到了读者的热捧。右侧列出了 3 类最常见主题的典型书名。2021 年已有超过 12 本新书讲述了维生素如何助力对抗新型冠状病毒。

资料来源：1922 marketing brochure cover courtesy of John P. Swann, PhD, Historian, FDA History Office。

一些人对维生素的虚假宣传提出了质疑。他们意识到了问题所在，深入探究后发现相关说法缺乏科学依据。据我所知，尚无研究专门关注这类人群。为了控制认知遗留，尝试提出一些关键性的问题是有用的。为什么当今维生素药丸和补充剂如此受重视，而在人类进化的大多数时期却是缺失的？维生素 C 是如何保护人们不受特定疾病侵扰的？提出这些科学说法的人有无利益冲突？我们不必成为科学家，只需重视证据、真实机制，并对所谓专家略做筛选。如果连学龄前儿童都能理解这些问题的价值，成年人应当能够保持并增强这种能力。

动机、情绪与社会文化影响

伪科学常因动机驱动而得到支持，如渴望群体认同、追随宗教信仰或政治信条、维护自我形象或坚守某种信念。[29] **科学观点若对一个人的自我构成威胁，就难以为这个人所接受。**比如，假设你是某个非营利机构的忠实捐赠者，该机构反对一切除草剂并强烈倡导有机食品，那么你更可能相信针对除草剂的负面言论。在搜寻和评估证据时，你可能会有偏颇。从气候变化[30]到转基因食物[31]的诸多议题，动机性推理皆可能因核心信念受挑战而产生。从更深层的角度来说，它在潜意识中起作用，使人们在深受内在动机影响时，依然自信地认为自己公正、理性。[32]

孩子不仅受动机性推理之困，[33]还难以识别自身及他人的这类推理。孩子在评估那些可能从某个声明中获益的人所做出的陈述时，缺乏必要的怀疑态度。[34]比如，当一名参加有奖竞赛的运动员说自己以微弱优势获胜时，大部分 8 岁孩子不太相信。幼儿不懂得质疑那些与他利益一致的言论。孩子通常要到 7 岁左右才开始懂得质疑，认识到动机性推理是如何影响判断和言辞的。更明显的是，克里斯蒂的研究（见第 3 章）表明，幼儿并不会将公然的吹嘘看作自我夸耀，反而认为那是向他人提供有益信息的慷慨行为。[35]这些成长规律提示我们，在承受认知负荷时，如刚被告知患有绝症，即便是成年人也可能退回到更原始、更简单的思维方式。这种方式使得动机性推理不易被察觉，从而使个体对伪科学毫无防备。

动机效应与文化共识息息相关。多年来，相关研究一直指出人们存在渴望融入群体的强烈愿望。其中最极端的例证是所罗门·阿希（Solomon Asch）的经典实验，实验中，一位毫不知情的参与者与几位安排好的“托儿”同坐一桌，在这些“托儿”的带动下，把两根线条中明显较长的那根说成是较短的。[36]我的法学院同事卡亨及其团队已揭示了气候变化议题中的共识的动机效应。[37]这种效应也普遍存在于其他领域。[38]假设你在烟草种植区或矿区长大，周围的所有人都认为燃烧烟草产生的烟雾会导致癌症是自由派编造的谎言，或者全球变暖与煤炭燃烧无关。在这样的环境下，你很可能会接受这些观点。这些群体观点很少是经过明确决策的，大多是从所在群体中不知不觉“吸收”的。

卡亨展示了如何通过一个人所属的社会群体预测其在科学争议中的立场，哪怕他们坚信自己是独立做出判断的。当那些信念坚定之人恰恰是科学素养强大之人时，他们可能变成传播错误信息的危险源头。深入的原理性洞察让那些有思考力、分析力和受过良好教育的人有能力为错误观点找到理由并令他人信服，而且他们对自己的言论深信不疑。气候变化的话题就是典型案例，凸显出丰富的机制性知识不一定能抵御伪科学，卡亨从进化论中也观察到了相似的现象。[39] 这些或许都与政治意识形态和宗教信仰息息相关。[40]

你所处的文化社会环境可能让你对公认的科学机制持怀疑甚至否认态度，你可能会将其扭曲为更符合自身文化的版本。然而，即便面对那些在某个领域很专业且口才很好的极端分子，公众也有希望获取真相。优质的机制性解释通常更容易让公众接受而非背离科学。[41] 当真实的机制性解释与证据直接对照时，维持一个基于教条的虚假信念就变得难上加难。随着研究者深入探索如何向公众提供有效解释，这些正面影响的效果只会逐渐增强。

文化和共识的动机效应引发了具有致命后果的伪科学，这些效应还让具备科学知识的人为伪科学提供更有说服力的论据，或许限制过多知识的传授会更为妥当？有观点认为，不应向公众详细透露事物的原理，因为这样会给那些更机智的极端分子提供更强大的工具，使他们能够将信息歪曲为离奇的阴谋论。[42] 这些工具使他们得以构建更具欺骗性的谎言，这些谎言可能被用于某些政治目的，严重危害公共健康和环境。

对公众的这种负面和轻蔑的看法是错误的，只有极少数案例表明知识的增加反而加剧了误导。[43] 限制公众的知识，就像是因为蛋白质能让恶霸变得过于强壮而禁止人们摄入过多蛋白质，或者因为人工智能可能被掌权者利用而不去教授相关技术一样。事实上，在大多数情况下，经过精心设计、合理论证的解释会促使公众接纳而非拒绝高质量的科学知识。

当毫无机制性可言时

在对机制一无所知的情况下，我们是否对评估科学论断束手无策？比如在量子计算这样的领域，可能没有简易的模型来阐释事物如何运作。但即便缺乏这些模型，我们也可以借助儿时学会的其他方法来评估论断。“兼听则明”不失为一种有效策略。如果支持某论断的信息全都出自相同的背景与机构，而提出对立论断的另一组信息来自不同的背景和机构，在其他条件相同的前提下，后者提出的论断更有可能接近真相。这里的关键在于“其他条件相同”，你需要确保两组信息的整体质量相当。比如，《华尔街日报》的 3 位记者提出的论断，与来自《华尔街日报》《纽约时报》和半岛电视台记者的论断相比，后一组背景各异却意见一致，因此其论断往往更可靠。如果后一组是来自各种杂志的小道消息，那么即便来源多样，也不足以让人信服。

在某些情况下，一些权威人士可能会推行错误的科学理论。人们通常只记住了信息的具体内容，而忘记了信息的质量其实不高。[44] 为了防范这种情况，最好用不同的方式重述信息，避免重复原有的说法。比如，不要说“高剂量维生素 C 预防普通感冒是错误的观点”，而应该说“现有的证据都显示，高剂量维生素 C 无效，且可能带来副作用”。具备科学知识和数据分析能力有助于从众多质量参差不齐的信息中识别出可靠的信息。[45] 即便你缺乏相关的机制知识，也无法接触到其他信息来源，你仍可以要求提供信息的人详细阐述观点。那些教条式的自我封闭型专家往往无法提供清晰的机制来支持他们的观点，他们要么陷入自相矛盾，要么只能提出含糊且站不住脚的断言。

在那趟航班上，我本该如何回答与质疑

回想那次难忘的长途飞行，即便我当时所知甚少，也能做得更好。我本可以问他，有哪些证据、实验、信息能够让他对气候变化改观，以及为什么他会被说服。如果他坚称不会改变立场，我就更应该怀疑他。如果他提出了关键细节或者可行的研究，我们或许能共同构想出一个理想的研究计划。这样，我不仅能更深入地探知他改变观念的意愿，还能判断他是否保有惊奇，以及他是否早已对观念的转变不再

抱有期待。

我本该提出相似的例子，展示极微小的变化如何造成巨大的影响。比如，极少的污染物或花粉就足以对能见度和健康造成极大的影响。我虽不知道确切数字，但直觉告诉我这数字很小，我猜他也有同样的认知。然后我会追问，二氧化碳为什么如此不同。对不同案例进行细致剖析通常颇为有效。我还可以有礼貌地向他介绍动机认知及其在潜意识中的作用，并询问他是否觉得自己能避免受到这种影响。我盼望未来能再遇到一个同样出色的邻座，以此来锻炼自己探索真理的技巧，哪怕我对该领域所知甚少。我的技巧显然还有很大的提升空间。

惊奇何以至关重要

假如父母、童书作家、教师和科技博物馆工作人员等成年人认为孩子的概念认知仅停留在简单的具象阶段，这种观念可能会导致科学教育的无效并抑制孩子的惊奇。如果这些成年人对科学持有负面看法，他们的态度很可能会传递给孩子们。

若这些问题得不到解决，没有更深层次的概念模型作为补充，婴幼儿在认识世界时采取的认知策略和认知偏差就可能会演变为阻碍认知发展的遗留问题，这会阻碍他们掌握更成熟的科学理论和观念。当一个孩子身上聚集了所有负面因素时，不仅会扼杀早期的探索欲，还会培养出对科学的误解、冷漠乃至公然的敌意。

理解的漏洞带来了额外的困难。每个人在大部分领域都会遇到解释能力枯竭的问题。正如我儿子马蒂在谈论医学院学习时所指出的那样，你探究某一疾病的机制越深入，就越需要依赖他人的知识，或者意识到那些深层次的机制尚未被发现。当我们将问题推给其他人或团体时，需要认识到他们也只是基于片面的理解在行动。当忽视了这一点，我们就容易被误导。气候变化问题充满了解释上的漏洞，质疑许多人并不能理解这些信息链上的缺口。

> 对科学的不信任、不参与和不认可将会造就一种毫无生气的生活。这三者互为因果，不仅抑制了学习热情，还让人容易陷入误导性的偏见之中。它们从孩提时代开始形成，并能深深根植于整个社会。它们会使科学偏离轨道，仅追求最直接、最短期的利益。

尽管人们很少会质疑那些能够改善健康或生活品质的发现，但许多人对科学成果持有偏见，只钟情于那些显而易见且短期的效果。这种耐心的缺乏与无数的历史事实相悖，而历史事实证明了基础科学和长期技术项目是如何为子孙后代带来丰厚遗产的。谁也无法预见，一个在僻静修道院花园里研究豌豆的古怪修士，会成为21世纪基因组学发展的关键。同样，谁也无法预见，19世纪法拉第关于磁体与电流之间联系的发现，最终能够让我们通过功能磁共振成像技术，实现大脑活动的可视化。

对科学的不信任无处不在。即使是在很多受尊崇的研究机构中，包括我自己的机构，顶尖科学家也因利益冲突受到非议。其中一些人因接受药企资金（通常以隐秘而迂回的方式）而发表有利于药企的正面评价或研究结果，使得这种不信任情况更加严重。大家都记得，曾有一种药物在制造商明知其潜在危害的情况下，仍被媒体大力推广，最终被证实确实有害。实际上，这类事件比人们想象中要少得多。大部分科学家都是审慎并遵循伦理的。非科学界人士应当努力亲近科学家，通过共同参与各类活动与他们建立联系。在小镇的大学或研究所工作的科学家，通过加入体育队伍、志愿者团体、儿童看护中心等，能够自然地与社区融合。在人口稠密的地区，我们需要更主动地去理解和认识科学家。

在许多情况下，错误地将意见相左的群体等同起来会严重歪曲事实。比如，进化论常被错误地塑造成传统生物学家与神创论者之间的“对等”争论，但实际上支持进化论的证据是压倒性的，而支持智能设计论（intelligent design）的证据几乎不存在。气候变化问题同样被误认为科学界有着势均力敌的争议，但实际上科学史上很少有其他议题像气候变化这样达成如此广泛的共识。人们竟然愿意去怀疑，甚至指责那些投身实验室、一生都在钻研学术的科学家。大众对科学的不信任受动机偏见的影响。[46] 这种将少数与大多数持不同见解的研究者等量齐观的错误观念是有害的，它加强了虚假的共识感。

不信任往往导致退缩。随着人们对媒体报道和新闻的怀疑，他们对于积极学习和探索世界的热情也会减退。参与可不仅仅是欣赏新奇玩意的“魔力”，比如那些在桌面上“悬浮”的地球仪。参与是一种深思熟虑的持续探究。真正的参与是一种有意识的、持续的探求，它驱动我们去理解那些看似反重力的地球仪背后的工作原理。一个鼓励提问、欢迎探索“为什么”与“如何”的环境，能够激发我们天生的惊奇，使我们不害怕被质疑或排斥，更自然地追求知识。

不参与会导致不认可。人们往往会否认那些不符合个人愿望和世界观的科学发现，这种否认是带有选择性的，人们甚至不愿去思考某些科学主张可能是正确的。由于不信任和不参与，人们通常无法合理评估这些主张，只能盲目地不认可，这常常依赖于自己群体中推测出的、虚幻的共识。

不信任、不参与、不认可已令公众与科学渐行渐远。但出人意料的是，这并没有引起美国人普遍反对国家对科学的资助。在实用主义的驱动下，大多数美国人依然会增加科研经费，以确保美国在军事技术上的领先地位，保障民众健康，以及延缓衰老进程。[47] 对国防、疾病和衰老的担忧，导致了美国人对科学的支持偏重追求眼前利益，而对维系这些成果所必需的基础研究、基础设施缺乏足够重视。

随着时间的推移，人们对唤醒惊奇的热情是否正逐渐衰减？尽管科学论文的数量持续激增，但这一增长趋势并非源自公众兴趣。[48] 全球各个大陆的报告普遍显示学生和大众对科学的热情正在减弱。[49]（南极洲是个例外，因为那里的居民几乎都是科学家。）在世界其他地区，无论是实验室、研究中心，还是更广泛的领域（有时甚至包括科研机构本身），对科学缺乏持续的兴趣催生了对科学的严重误解。不同文化背景的人们错误地认为安全疫苗有害、艾滋病和新型冠状病毒是虚构的，以及占星术能对身心造成实际影响。2019 年，当时的美国总统说风车会导致附近居民患癌，其言之凿凿地表示不用进一步讨论。[50] 2020 年，他又建议注射消毒剂以对抗新型冠状病毒。[51] 我们需要正视这些普遍存在的问题，这些问题是因为人们未能认可科学研究成果，忽略了最基本的科学原则。单纯增加出版物数量和科研经费，并不能保证公众可以准确地了解科学。

人们确实对科学的一些表层现象有了解。2019 年，皮尤研究中心（Pew Research Center）的一项调查显示，多数美国人在科学测试中得分颇高。[52] 测试涵盖了哪些内容，又忽略了哪些内容呢？题目包括识别出石油和煤是化石燃料、在简单实验中辨识对照条件、读懂条形图以及定义潜伏期等。没有题目深入探讨事物如何运作，因此并未揭示更深层次的机制。然而，对机制的洞察、解释性的因果框架才是培养持续惊奇的关键。旺盛的惊奇反过来驱动人们深度赞赏基础科学，并乐于评价新的发现和观点。

> 孩提时期沉浸于科学学习并从中发现乐趣，能有效对抗错误的科学理念和对科学的冷漠。我们通过激活并培养对惊奇的感知及其相关的认知技巧，来保护自己不受恶意谣言和有害宣传的影响。我们还能够培养出一种令人振奋的智识谦逊，一种愿意通过争论去学习的渴望，以及一种对于更优思想改变自身观点的赞赏。

那么，我们该如何向这个方向迈进呢？撇开因国防、疾病和衰老而产生的动机不谈，公众对基础科学的关注取决于 3 个原则：质疑、谨慎和敬畏。这些实践需要更深入的科学理解和参与。对任何新的科学主张保持适度质疑都是恰当的。在这里，质疑并不带有不信任的负面含义，而是认识到即使在最谨慎、最符合道德规范的研究中，也可能存在人为和机制性错误。有些轰动的“发现”最后被证明存在致命的缺陷，知名的例子包括冷聚变、火星上的细菌生命，以及电磁场与癌症的所谓关联。[53] 质疑能通过与惊奇的结合，对理论产生影响，以微妙的方式修正和持续完善那些看似不太对劲的细节。许多实验室的小组讨论就是这样，会营造出一个鼓励和欢迎质疑的氛围。

在遇到新发现时，应保持一份谨慎的质疑，尤其是在挑战存在多年的前人成果时。这种质疑不应导致否认，而是应该激发对新观点可行性的深入思考。成熟的质疑者在评估新观点时往往能够洞察甚远，这依赖于他们对专业领域适当的敬畏。深思熟虑的质疑涉及对主张的认真考量，包括其合理性证明及对现有知识体系的冲击程度。至于敬畏，我们对一个主张的信任可能基于其提出者的专业水平。在很多情况下，经过周密思考，质疑者可能会意识到自己尚未完全理解该主张或相关研究，但依然会对某些专家提出的观点持有坚定的信心。

尽管这些技能看似复杂，但孩子其实早已表现出敬畏。我们都应培育一整套完善的质疑技巧，以终身享受和赞赏科学。这样不仅对自身有益，也有利于社会。我们应趁早练习这些技巧，用它们来构筑一个能够战胜偏见的知识体系，以防我们在匆忙或心不在焉时不经意地被偏见所左右。

积极参与广泛的科学交流，有助于我们更深入地了解这些科学群体。这对我们探讨像气候变化这样的棘手议题大有裨益。那位才华横溢、见识非凡的飞机邻座给了我深挖的动力，因为我知道有许多从事相关科研工作的人曾改变过立场。这种认识让我不再轻易认为他们受某种单一政治议程的驱动。了解科学家的培养过程及其卓越工作的评价标准对我们都有益，我们可以借此更精准地解读一个集体的主张所蕴含的深意。

惊奇并不能完全防止人们陷入错误理论和误导性机制。哪怕是最杰出的科学家在取得重大发现时，也可能会犯下巨大的错误。以热力学领域的卓越人物开尔文勋爵为例，他曾说过："我对研究的课题只有在构建出一个机制化模型后才能心满意足。如果我能成功建立模型，我就能理解它；否则，我便无法理解。"[54] 开尔文勋爵在物理学上有诸多基础性贡献，但他坚信飞机毫无用处，而且他一开始对 X 射线的发现持怀疑态度。幸运的是，当他阅读了伦琴关于 X 射线的论文后，他给伦琴写信表示："……当我读到这篇论文时，我深感震惊与振奋。现在我只能向您表示热烈的祝贺，您取得了伟大的发现。"[55] 然而，开尔文勋爵并未因此改变其他错误的信仰，比如他对进化论的否定。其他伟大的科学家也坚信自己的观点，比如尽管有许多反面证据，但莱纳斯·鲍林依旧坚信维生素 C 的健康效益。为什么那股驱使他们取得重大发现的惊奇，未能防止他们执着于错误的科学观念呢？

一个主要原因可能是纯粹的"自由漫游"式的惊奇，与受教条、动机认知、共识和恐吓等限制的“围墙内”的惊奇之间的区别。如果不愿质疑自我信仰，不反思自己的信念及其缘由，任何人都可能扼杀自己的惊奇。最强大的惊奇与深厚的智识谦逊并存，所谓谦逊，即我们总是乐于认识到自己的潜在错误。开放心态并非意味着意志薄弱，而是始终愿意探究自身的局限。即使是最优秀的人，也必须牢记这点，否则将身陷僵化和否定的泥沼。

当惊奇的早期萌芽被摧毁时，人们往往会陷入一种空虚状态，只剩下共识、动机性推理和认知偏见，人们可能会因为错误的理由而接受某些观点和解释。充满惊奇的生活提供了一个更积极的未来。公众对科学技术的深入理解，加之适当的敬畏，能带来巨大的社会益处。我们都能维持或重燃对探索和发现的激情。我们能更清晰地意识到，科技的进步如何丰富生活，也能更好地预判哪些研究需要慎重。为了实现这一目标，我们需要思考更明确的行动计划。

第 9 章

3 大维度，让惊奇持续终身

我曾听一位来自牙买加的同事兴高采烈地谈论，大约在 30 年前亚历山大·托马斯（Alexander Thomas）参观他所在的医学院的事。我的同事赞扬了托马斯在访问期间遇到各种事物时表现出来的那种难以满足的、纷繁的惊奇。我从未见过托马斯，但我很清楚他与斯泰拉·切斯（Stella Chess）关于儿童气质和个性的研究。[1]我对他的性格、提问思路都毫无头绪。他想知道为什么某些东西（如咖啡）只能在特定地区茁壮生长，西班牙人在历史上是如何影响牙买加语言的，为什么牙买加没有毒蛇，以及为什么牙买加没有短吻鳄。他的问题数不胜数，不仅涉及牙买加特有的文化和法律话题，还涉及一些与人类流行疾病相关的内容。他是位才华横溢的科学家，又像个活泼可爱的孩子一样充满了惊奇和问题。他常常持续思考以加深理解，这使得他的问题链十分复杂。我对这次与牙买加同事的交流记忆犹新，因为我钦佩那些总是“开启探索模式”的人。我喜欢把自己想象成一个会对新事物感到惊奇的人，但也很清楚自己容易陷入休闲娱乐模式。我常常想，自己可能因为这些休闲娱乐错过了许多洞察的乐趣。

我们都曾遇到过像托马斯这样的人。多元的讨论几乎都在以类似的方式阐述。我们从这些人身上看到持续探索和洞察生活是可能的，但也意识到这种情况往往并非常态。我们应该采取哪些行动，让每个人都能花更多时间深入了解自然现象和工业世界呢？在介绍一些可行的方案前，还应再次强调为什么要在这样的状态下度过更多时光并获得回馈。

唤醒惊奇会带来哪些益处？我们如何实现这一目标？先前的研究直接支持本书提出的大多数建议，就算不能支持，这些建议也符合当前认知及其发展的观点。从家庭层面开始，然后逐渐扩展到更广泛的群体，我们的重点不是学校的科学教育，而是所有地方。许多研究人员指出“学校并不是大多数美国人获取科学知识的地方”。[2] 同样，这里也不是让他们学会热爱科学的地方。孩子们其实早在上学之前就开始探索各种机制，我们应该赞赏和培养这种探索。然而，成年人对于儿童心理的天真想法往往与儿童心理的真实情况相冲突。这种冲突渗透到整个社会对儿童及其学习方式的看法中。因此，我们需要考虑从个体到社会的各个层面的变革。

科学素养的社会效益一直是人们关注的话题。美国国家科学委员会最近对美国的科学态度进行了一次调查，得出的结论是，美国的科技地位在下滑。[3] 我的感觉是，大多数美国人其实并不关心世界上其他地方的发展情况，相反，他们担心美国正在失去对科学技术的热爱。

从历史上看，科学的进步产生了积极影响。史蒂芬·平克在他的著作《当下的启蒙》(*Enlightenment Now*) ① 中阐述了启蒙运动是如何通过提升科学素养和加强理性来改善社会的。[4] 进步可以促进社会健康发展，让工作变得更轻松、更安全、更愉快，使休闲娱乐活动更加丰富。让我们来看看 20 世纪的 6 项发明：胰岛素、抗生素、廉价海运集装箱、晶体管、LED 和锂电池。这些领域的创新往往建立在基础科学之上，基础科学工作产生的影响十分深远。胰岛素挽救了无数人的生命。尽管抗生素的大量使用可能导致滋生“超级细菌”，并且这些细菌可能

---

①《当下的启蒙》是当代思想家史蒂芬·平克超越自我的巅峰之作。书中用数据和事实揭示我们永远不会拥有一个完美的世界，而寻找一个完美的世界也是危险的举动。但是，如果我们继续运用知识来促进人类的繁荣，即将取得的进步则是无限的。本书已由湛庐引进，浙江科学技术出版社出版。——编者注

会对所有已知的抗生素产生抗药性，但不可否认的是，抗生素曾挽救了许多人的生命。“集装箱化”是一个历经数十年的发明（如集装箱之间的锁定装置），最终全球 90% 的货物（除矿物、化学品和其他散装货物外）采用标准集装箱运输，成本大大降低。[5] 晶体管电路比之前的电子管电路复杂得多。没有晶体管，就没有手机、个人电脑和现代汽车。在发达国家，照明约占总能源消耗的 7%。如果所有照明设备都换成最高效的 LED 形式，成本可能会低于总能源成本的 1%。[6] 锂电池比传统的铅酸电池轻得多，同时充电更快，寿命更长。没有锂电池，手机、笔记本电脑和电动汽车将不可能问世。[7]

其他许多科学发现和发明也改变了人们的生活，却不被大家熟知。我最喜欢的是哈伯－博施合成氨工艺。1910 年，卡尔·博施（Carl Bosch）在弗里茨·哈伯（Fritz Haber）进行可行性论证之后，创造了第一个大规模生产氨的方法（哈伯和博施都曾获得诺贝尔化学奖）。该工艺是在催化剂、高温和高压条件下，使氮气与氢气发生反应，转化为氨。

合成氨对农业产生了巨大的影响。氨是肥料中的关键成分，化肥能够使农作物的产量大大提高。考虑到全球许多地区超过 50% 的可耕地正在被耕种利用，如果没有哈伯－博施合成氨工艺，这些地区很可能会面临大规模饥荒。目前全球约有一半的人口（近 40 亿人口）依赖于哈伯－博施合成氨工艺维持生存。[8] 然而，大量化肥从农作物中流出，进入水源系统和周围土壤中，造成藻类大量繁殖等令人意想不到的后果。此外，哈伯－博施合成氨工艺需要大量能源，导致二氧化碳排放量增加。[9]

氨也是制造军用炸药的核心成分。哈伯－博施合成氨工艺加速了德国加入第一次世界大战，大大延长了战争的持续时间，并与 20 世纪各种冲突中 1 亿至 1.5 亿人的死亡有关。[10]

科学和工程学的发现，就像工具一样，也会有阴暗的一面，为新武器、监视方法以及控制和操纵人的方法创造了更多可能性。在国与国之间发生冲突时，有些发明可能是必需品，但对其他许多人来说，阻止这种结果的最好方法是培养一批具有科学素养的公众。

难以捉摸的新视角

科学和技术能以更多无形的方式丰富我们的生活。正如新配的眼镜可以提升视力，从而提高审美鉴赏力和驾驭世界的能力一样，更好的理解力可以增强认知洞察力、审美情趣和思维灵活性。我们应更好地了解世界是如何运作的，以及如何通过获取知识来源来加深理解，使思想的目标更加明确。当我在早春的一天写下这篇文章，听到数百种不同的鸟儿在我身边歌唱时，我想起了一些关于鸟鸣的科学知识。对于大多数雄性鸣禽来说，它们大脑的某些区域可以在短短几个月内扩大一倍，使它们能够更动听地歌唱，更有效地吸引配偶。由于对能量的需求大，这些大脑区域会在交配季节过后迅速缩小到原来的大小。我记得它们的歌声是如何被“设计”得最独特、最有吸引力的，以及为什么它们复杂的结构只能通过复杂的发育途径获得，这些都是为了吸引和留住一个更好的伴侣。对我来说，听到鸟鸣的同时也是在想象所有维持它的机制和原因。实际上，我并不了解这些机制的所有细节，但我强烈地感觉到它的存在，并知道它有待进一步探究。

当一辆汽车从我家门前经过时，基于我很久以前在大学里学到的知识，我惊叹于工程学和科学的非凡成就，它们成功地将每分钟数百次化学爆炸转化为一个运转良好、几乎无声的机械系统，通过各个组成部分之间成千上万次的相互作用实现平稳加速。我明白开发一款不会频繁震动的汽车底盘有多难。虽然我对气候变化的了解不多，但是我清楚地认识到，这个神奇的装置很快就会被更环保的交通工具所取代，成为博物馆的展品。

以雷暴为例，大型雷暴的上升气流可能以每小时 160 千米的速度移动，并将超过 100 万吨的水蒸气提升到数千米外的天空。在强风暴中，这种水蒸气上升气流会冲破被称为对流层顶的大气层，而对流层顶正是形成云顶的地方。这些“空中喷泉”向平流层涌去，可以改变大气状况。每一场雷暴都有这些“升降机”，它们以惊人的速度抬升着巨大的重量。[11] 升高的水蒸气具有势能，可以通过降水和闪电释放出来。一场典型的雷暴所释放的能量比广岛原子弹爆炸所释放的能量还要大。地球上的某个地方每天会发生大约 2 000 次雷暴，其释放的能量相当于 2 000 枚核弹爆炸释放的能量。

闪电可以通过使氮与氧结合，来模拟哈伯－博施合成氨工艺的过程。二氧化氮在雨水中以硝酸的形式进入土壤，作为氮肥。没有电闪雷鸣的雨水就不具备这种优点。雷暴带来的雨水如此不同，如此有益，当一场雷暴扫过头顶时，发生了很多不为人知的事情，这是多么神奇啊！

科学技术影响着每个人的生活，包括那些在社交媒体上谴责此类影响的人。科学也应该丰富每个人对世界的体验，让人们对现实有更深刻、更有意义的认识。那些憎恶科学的人是在否认自己的发展根源。不喜欢科学的表象，以及科学内容在教育和媒体中传播的方式也许是有道理的，但是不喜欢科学本身所提供的见解就好像不喜欢视觉感知或厌恶良好的记忆力一样荒诞。

在人文学科领域，通常科学哲学家和科学史学家会对科学表现出强烈的兴趣，比较文学或宗教学教授很少试图通过了解一个伟大的科学发现或一项新技术来推动自己的工作（数字人文学科除外）。虽然许多科学家和工程师会绘画、雕刻、作曲和写诗，但很少有人阅读英语系、艺术系或音乐系同事的学术著作，能从这些作品中找到灵感并为工作提供指导的人就更少了。我们都应该更加努力地整合所有学科，以便更好地理解它们，最终为我们的工作提供参考。惊奇是没有学科界限的。学科分歧的特例是具有启发性的。迈克尔·弗雷恩的《哥本哈根》（*Copenhagen*）是一部关于尼尔斯·玻尔和沃纳·海森堡会面的戏剧，它激发了科学、工程学、社会学、政治学、哲学、历史、英语以及戏剧研究领域学者的学术贡献。

遗憾的是，科学与人文学科的主要交集都围绕着道德问题，许多关于《哥本哈根》的论文也是如此。这种联系太狭隘了。人文主义可能是关于道德的，或者如史蒂芬·平克所说，是关于同情的，但人文学科被定义为对人类产品或过程的研究，涉及艺术、建筑、文学、音乐，当然还有科学和技术。可是针对科学，与许多其他成果不同，人文学者往往采取人文主义立场，关注道德问题。可以肯定的是，不同领域是通过构思紧密联系的。一个领域中的构思、模型和解释，可以为另一个领域带来新的思维方式。霍姆斯在其著作《惊奇年代》中阐述了科学家与浪漫主义诗人之间令人兴奋的互动，并展示了在18世纪晚期，诗人与天文学家之间激动人心的讨论是如何推动无穷大概念演变的。科学与人文应该在更深的知识层面上互动，而不仅仅是通过道德形式。

最近，作家罗伯特·麦克法兰到地表之下，与一位物理学家进行了交谈，这位物理学家正在寻找中微子。在了解到每秒都有大量中微子穿过地球后，他问物理学家：

> 这会改变你对世界的感觉吗？你知道每秒钟有100万亿个中微子穿过你的身体，无数这样的粒子穿透我们的大脑和心脏吗？它是否改变了你对事物的看法和感受？你是否惊讶于我们每走一步、每触碰一次都不会穿过脚下的地面？[12]

这位物理学家说，这极大地改变了他对世界的日常体验，使世界变得更加惊人和美丽。麦克法兰后来承认，他对自然的感觉也发生了变化，并且意识到，对中微子来说，这个世界就像薄雾和丝绸一样。[13]只要到物理学家的实验室参观一次，麦克法兰就能想象自己以截然不同的方式与物理世界交织在一起。我们一生中应该会多次经历这种令人震撼的新视角。

要想使科学与人文学科以更具洞察力的方式联系起来，各方都必须认真对待远远超出其专业领域的思想。文学对构建科学模型有启发作用。1973年，进化生物学家利·范瓦伦（Leigh Van Valen）引用《爱丽丝漫游奇境记》（*Through the Looking Glass*）中的一段话，提出了"红皇后假说"：

> "嗯，在我们国家，"爱丽丝有点气喘吁吁地说，"如果你像我们这样跑得很快，跑得很久的话，你通常会跑到别的地方。"
>
> "真是个缓慢的国家！"王后说，"喏，在这儿，你看，你得拼命地跑，才能保持原地不动。如果你想去别的地方，你必须跑得至少比现在快一倍！"

范瓦伦通过"为了跟上对方的脚步，必须跑得越来越快"这一观点来阐述两个物种如何在"军备竞赛"中共同进化，每个物种都必须以越来越快的速度进化，才能跟上对方的生存和繁殖能力。[14] 直到今天，红皇后假说仍然是生物学中的一个热门话题，事实上，一些当代生物学家利用《爱丽丝漫游奇境记》中的其他段落来进一步探究这一假说。[15] 我们可以想象，对小说和历史有更深入的了解可能会对当前科学中的其他问题有用，比如寻找病毒中不易变异的部分，因为它试图伪装自己以欺骗免疫系统。有数以百计的虚构或历史案例表明，有些人精心伪装，却因为无法改变的跛脚等明显特征被揭穿。了解此类案例可能会丰富生物学家关于病毒哪些方面不易变异的猜测。当然，这些见解是双向的。小说家可能会从关于病毒如何突变以避免被检测到的研究中，获得创作伪装者故事的新灵感。

我的重点是如何加深对科学技术的理解，从而提高审美鉴赏力，而不是削弱审美鉴赏力。科学为我们欣赏自然增添了乐趣。我们不仅欣赏自然之美，还对远至地平线处的错综复杂的地形表示惊叹，其中蕴含着丰富而有质感的因果关系。我们如何确保下一代有更多的机会获得这些体验？从家庭内部的互动开始，逐步扩大到更大范围的社区，我们可以实施许多具体的、以证据为基础的干预措施，唤醒和保持每个人的惊奇。

家庭的具体行动

你对孩子说什么，如何说，以及你与孩子对话的频率都很重要。与孩子们的谈话会影响他们了解世界的方法，比如他们认为应该直接向世界提出哪些重要问题，以及他们如何看待比自己知道得更多的人。[16] 人们过度关注学前教育不足的孩子所听到的字数少了 3 000 万字。后来的分析表明，这一差距最多有 400 万字。[17] 无论数量多少，内容比传递的文字数量更重要。你不能指望通过一遍又一遍地播放音乐剧《欢乐音乐妙无穷》（*The Music Man*）中的歌曲《麻烦来了》（*Ya Got Trouble*）将单词灌输给孩子，并期望他能有巨大的认知增长。

我们需要仔细倾听孩子们关于“为什么”和“如何”的问题，并加深他们的理解。成年人可以在各种场合与孩子们进行有益的交谈，比如在家里或科学博物馆。[18] 我们应该将信息进行排序，并在适当的层次上进行解释，以免使孩子们的负担过重。

掌握了这些会话技能的父母和其他看护人不仅能提高孩子的科学学习能力和惊奇能力，还能提高自己的科学学习能力和惊奇能力。[19] 向孩子询问事情为什么是这样的（比如，“为什么昆虫都很小？”），然后你可能自己也会为之着迷。所有关于“是谁”“是什么”“在哪里”“为什么”“如何”的问题都是“开放式”的。开放式问题要求回答者详细阐述细节。这些问题不是用“是”或“否”就能轻松回答的。这些问题很容易得到答案：“你在动物园玩得开心吗？”“你是在午饭前还是午饭后离开的？”“为什么”和“如何”是很好的问题，因为它们更直接地引出因果解释。[20] 如果你问一个孩子，为什么鹿的眼睛长在头部两侧，而狼的眼睛长在头部前方，你可能很快就会对捕食者和猎物的适应性有所了解。专业的教师比经验浅薄的教师更清楚如何向孩子提出更多开放式的问题，以及如何促进孩子对事物进行更多探索和学习（见图 9-1）。[21]

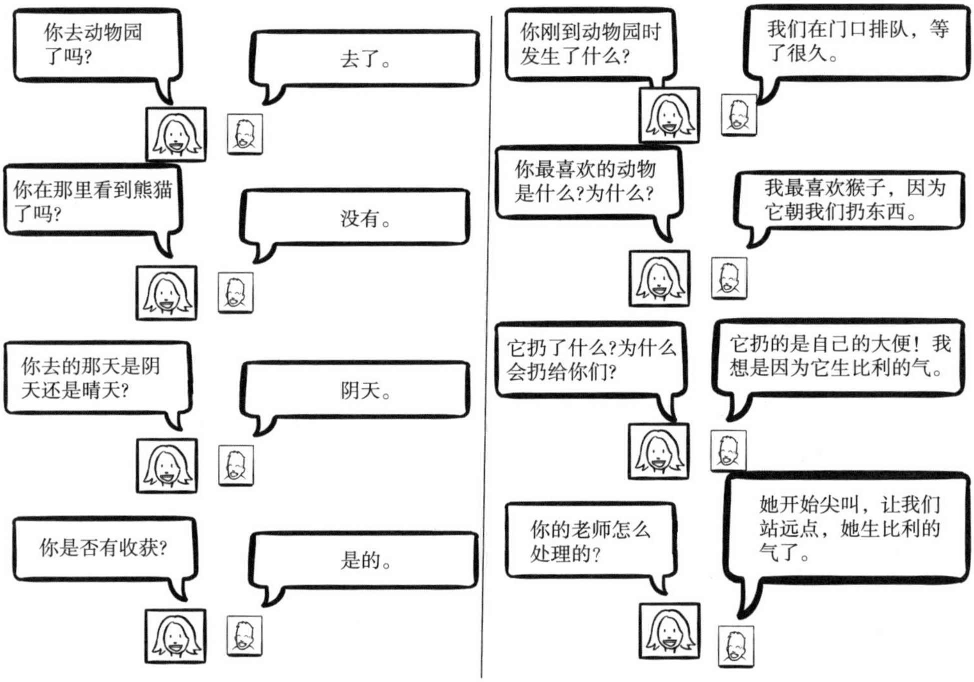

图 9-1　亲子对话从单句话（左）转变为有益的共同学习（右）

这类互动技能需要刻意练习，并且需要对儿童心理有深入了解。我们需要把孩子当作积极的学习者，而不是被动的知识容器。当父母和朋友以参与和对孩子友好的方式谈论科学时，这种谈话比任何其他因素（包括拥有科学玩具和材料、参加科学夏令营和加入科学俱乐部）都更能激发孩子日后对科学的兴趣。[22]

某些互动模式会产生令人惊讶的长期影响。假设一些一年级的学生去水族馆看各种贝壳，之后，教师要求这些学生对这段经历进行更深入的思考，可以将贝壳的图片作为思考的辅助道具。比如，教师可能会问："把这些贝壳分成两堆的比较好的方法是什么？按照大小分，还是按双壳和单壳分？哪种方法更好？为什么你认为第二种方法更好？如果你不确定哪一种方法更好，你会用什么办法解决这个问题？"然后，教师可以说明，更有意义的分类方法可以让人们看到同类成员共有的其他特征。

在一项研究中，研究者们简单地指导了一年级教师如何与孩子们进行更有意义、更深层次的探索和思考。研究者们还帮助孩子们思考使用什么样的策略能够深化他们的理解。3 年后，尽管受到不同教师和班级的影响，但在一年级有接受过这类指导的孩子在四年级的记忆任务和策略使用方面表现出优势。[23]

成年人与孩子对话中的细微差别会促使孩子做出不同的反应和行动。[24] 有些对话能促进对物体的探索，如观察齿轮是如何组合在一起的，而另一些对话能促进对事物的解释，如讲解齿轮的工作原理。在其他情况下，提出正确的关于"为什么"和"如何"的问题可以促进后续的探索。想象一下，一个成年人指着一辆 SUV 和一辆轿车说："我想知道为什么这辆车的底部比那辆车高，为什么它的前轮和后轮靠得更近。"如果成年人正确地评估了孩子目前的知识水平，这些问题可能会促使孩子小心地在两辆车周围走动，并发现其他相关的特性，比如轮胎和悬架的差异。其他领域也可以用类似的方法，比如问"为什么沙漠植物更有可能有蜡质层和刺"可以引发进一步的探索。当提问引发人们思考抽象的因果关系而不是单一直白的因果关系时，提问尤其有效。[25] 人们可以问闪电与云的类型和温度有什么关系，以及为什么有时看到闪电几秒钟后就会听到雷声，而不是问闪电是如何出现的。

详尽阐述

一种有益的互动形式是详尽阐述孩子的话语。[26] 比如，试着想象一下父母和孩子之间发生了以下对话：

父母："我们刚刚在海滩上看到什么在发出声音？"

孩子："是一只鸟！"

父母："对，是一只白色的鸟，有黄色的嘴巴，发出的声音是这样的（父母试图模仿声音）。"

孩子："它的声音实际上更像这样（孩子试图发出尖叫声）。它试图偷吃我的午餐……"

父母："是的，它试图吃你的花生酱三明治，然后你把它赶走了！"

孩子："没错。"

父母："所以，我们在有风的晴天，在海滩上看到了这只白色的鸟。它有黄色的嘴，并且离我们很近。它试图咬你那放在野餐毯子上的花生酱三明治，然后你把它赶走了。它发出了一个滑稽的声音，像这样（重复模仿声音）……"

在这种对话中，父母会持续详尽阐述孩子对某一经历的回忆，并在最初的提示后提供更多信息。这是一种互动，父母仔细倾听孩子说的话，然后添加额外的细节，其中一些会引发孩子回想起新的细节。他们共同将经历描述得更丰富。许多研究都发现了一个共同的效果：告诉父母如何以这种方式进行详尽阐述，可以改善孩子对事件的记忆，并促进孩子的自发阐述。[27]

详尽阐述有利于激发惊奇。父母可能会以一种具有特殊解释性和因果性的方式进行阐述。父母可能会注意到鸟儿吃的是花生酱三明治，而不是旁边的书，并想知道为什么。如果孩子说这是因为花生酱三明治是食物，父母可能会问小鸟是怎么知道它是食物的，并开始讨论什么是食物，以及小鸟是如何快速、准确地发现食物的。父母可以根据孩子透露出的兴趣点，提出许多不同的因果关系和问题。父母很快就会对自己产生疑问，并成为积极的学习者，猜测答案并向他人寻求帮助。当成年人与孩子一起探究时，重点不是对孩子进行探究，而是对自然本身进行探究。

这种互动通常不会轻易或自然地发生，通常需要一个人，有时是两个人，精心打造一个共同感兴趣的话题。你必须全身心地投入，而不能满足于简单的“偷懒”，或在发短信时偶尔抬头看一眼。这样的互动即使是在两个成年人之间也是具有挑战性的。在社交聚会时，我们可能会因为过于深入地讨论一些现象而被其他人冷落。在大多数酒会上，如果你能加入一些简短的谈话，比如讨论新开的餐馆、爱好或令人担忧的头条新闻，事情可能会进展得很顺利。但是，如果你试图深入了解餐饮业的基本运作原理、帆船运动的物理原理，或者新出现的流行病背后的分子生物学原理，许多谈话者就会开始感觉到不安，然后结束聊天。也许社交活动中应该有更多这样的对话，但很显然，它们会扰乱社交活动的其他目标。

> 当父母想要培养孩子早期的惊奇时，可以简单地表现出自己的惊奇，并在日常生活中分享寻求解释的喜悦感。当看到父母自发地参与且享受这些活动并邀请自己加入时，孩子们便知道自己与父母有着重要的共同价值观。

培养孩子对自然界的惊奇，会对他们日后在学校学习科学产生积极影响，[28] 而示范关于“为什么”和“如何”的提问会产生巨大的影响。然而，持续处于这样的思维模式在今天并不常见。即使在那些辉煌的时代和充满惊奇的群体里，也只有少数人能一直处于深入探索思考的思维模式。要想持续以这种方式认识世界，可能需要花费相当多的时间和精力，至少一开始是这样。可能只有少数人一直想要全身心投入，许多人很少有时间去思考。如果忽视了自身的这一基础部分，无论是作为个体还是社交伙伴，我们都会失去很多。

说教型掠夺者

一些特别认真的读者可能会有这样的感受：动机强烈的父母成了“说教型掠夺者”，他们过于看重给孩子灌输科学知识，采用极端的说教式教学，完全不了解孩子的认知状态。我有时也会这样做，但很快就会被我更具社会意识的配偶制止。

多年前，当我们带着孩子在公园里游玩时，看到两位知名教授带着他们 3 岁的儿子。那个孩子蹲下来仔细观察一只大蚱蜢，他的父母立即行动起来。他们怀着美好的愿望，对学龄前儿童展开了大学水平的说教和苏格拉底式的提问。我记得对话如下：

父亲："噢，你在观察一只蚱蜢。蚱蜢是一种昆虫。所有昆虫都有 6 条腿，不像蜘蛛有 8 条腿。你能数清腿吗？"

孩子看着父亲，对着蚱蜢做无可奈何的手势，因为数活动的腿似乎是不可能的。

母亲："也许数腿很难，但你为什么认为腿的数量很重要？"

孩子："因为……因为……"（放弃回答，耸耸肩。）

母亲："这是因为腿的数量是一种特别重要的信息，可以告诉我们这是什么样的虫子，以及它的父母和其他的同类都是从哪里来的。"

孩子："它有父母吗？蚱蜢有父母吗？"

父亲："当然，至少对创造它的那些更年长的动物来说是这样。你看，所有的动物和植物都来自其他的动物和植物，它们通过'生殖'（procreation）和'繁殖'（reproduction）复制更多的自己。它们体内都有一种叫作 DNA 的物质，这种物质记载着如何制造下一个同类生物的指令。你认为 DNA 从何而来？"

孩子："它的父母？"

母亲："是的，当然是父母，但是如何来的呢？"

孩子："唔……"（看着蚱蜢。）

父亲："你需要进一步了解 DNA 是什么以及它是如何复制的。让我们从食谱开始类比。你还记得吗？"（父亲继续拿食谱类比，直到他发现孩子匆匆离开，无视了他正在继续的"课程"。）

母亲："我们跟着他，看看他还对什么感兴趣，我们再继续。"

虽然我描述得可能有点夸张，但重点是显而易见的。成年人必须让孩子成为他们互动中真正的伙伴，必须让孩子决定对话的方向。[29]成年人还必须了解孩子知道什么，不知道什么，以及如何在适当的细节层面上扩展知识，这些知识应与孩子已经掌握的其他知识相关联。说教者未能真正与孩子“合作”，更像是葡萄酒酿造者，试图把他们珍贵的“知识葡萄酒”灌进他们设想的孩子脑中的空瓶子里。尽管“引导性游戏”在深度学习中能够有效地吸引孩子们参与，但上述对话没有任何的游戏感。[30]

如果一切顺利，父母确实本着共同探索和创造知识而不是灌输知识的精神与子女建立了联系，那么“引导性游戏”对所有参与者来说都是有益的。但如果单亲父母带着 3 个孩子，在两份工作轮班之后睡眠不足、精疲力竭，还要努力准备晚餐，并让大家准备上床睡觉，那么以这种方式进行互动可能会很困难。

我们需要共同努力，为孩子们创造良好的环境。我们可能在不经意间区别对待不同的儿童群体。比如，在和孩子讨论与科学有关的话题时，父母会和男孩而不是女孩解释得更详细。[31]这种差异毫无意义，我怀疑大多数父母并没有意识到他们的行为不同，但这很重要。

为了与孩子们进行更丰富、更能创造惊奇的对话，我们可以采取哪些行动来丰富“惊奇道具包”呢？比如，你可以用口头或书面日记的形式记录过去一天中与孩子的对话。特别需要注意的是，你可以试着回忆一下，与非开放式问题相比，你提出开放式问题的频率是多少。你可能会问自己，哪些开放式问题能激发惊奇和愉悦感，哪些问题更具说教性和恐吓性。

你可以观察一下，在与孩子交谈时，自己说话占了多长时间。偶尔用手机录音 30 分钟，稍后再听，可能会有帮助。你可能会惊讶于自己的回忆与现实的差异。你还可以思考对话内容。如果你有意识地进行阐述，是否引发了孩子更多的阐述？你们两个是作为合作伙伴一起探讨，还是其中一个控制了议题？你学到了什么，或者有什么新的问题想要进一步研究吗？如果没有，你可能会问，是什么让你偏离了惊奇的学习伙伴的角色？

一些成年人可能会发现，为下次谈话设定明确的目标是很有帮助的，比如，如果开放式问题的比例看起来很低，就把它的比例提高一倍，或者对一个你自己也不太了解的话题至少问一个“为什么”或“如何”。只需查看日记内容在连续几周内的变化情况，就可以了解自己的进展情况。

我们不应该把创造精彩对话的重担全部推给父母和其他成年人，因为他们可能还有其他重要的问题需要关注。我们可以调整环境结构，温和地引导人们进行更有意义的互动。这种情境道具很简单。比如，发展心理学家凯西·赫什–帕塞克（Kathy Hirsh-Pasek）和罗伯塔·戈林科夫（Roberta Golinkoff）合作带领一个团队在杂货店里插入标牌。这些标牌提出了父母在农产品区和奶制品区可能会问孩子的问题。[32] 标牌上的问题是“牛奶从哪里来？”“你最喜欢的蔬菜是什么？”“为什么牛奶好喝？”“为什么蔬菜好吃？”。

当有这些标牌时，低社会经济地位的成年人和孩子进行对话的可能性几乎是没有标牌时的 4 倍，而对中等社会经济地位的成年人和孩子没有任何影响。这可能是由于设计中的“天花板效应”，即这些父母已经与他们的孩子聊得比较多了，在这种特定环境下很难促使他们聊得更多。我的猜测是，经济条件较好的父母可能会被引导问更多的“为什么”（本研究未对此进行测量），而且其他类型的问题也可能促使他们与孩子进行更积极的对话。

杂货店标牌的例子并不意味着你应该把问题卡片布置在家里。有几次我的确看到了这样的尝试，但都显得很刻意。不过，你可以打量一下自己的房子，想想家里或院子里有哪些东西可能会让全家人产生奇思妙想并获得成长体验。当我们在纽约州北部的家附近发现大量化石时，我们很快意识到，每当我们经过这些化石时，故意逗留一两分钟，会得到更多的共同学习经验，并能找到专业的信息来源。在停顿的位置和关注的内容上进行微调，可能会带来意想不到的收获。

我们可以列出每日核对清单，看看清单上有多少活动我们至少和孩子一起做过一次。比如，我们可以在清单中列出以下 10 个问题。

每日核对清单

1. 我是否至少问了一个关于“为什么”的问题?
2. 我是否至少问了一个关于“如何”的问题?
3. 我是否至少问了一个我不知道答案的问题?
4. 对于孩子提出的至少一个关于“为什么”或“如何”的问题，我是否提供了有用的信息（提供机制或寻找信息来源）?
5. 我是否至少有一次暴露了自己对某些事情的无知，并阐述了我会如何解决这个问题?
6. 一天结束时，我是否至少从我们的谈话中了解到一件关于这个世界的新事情（包括在孩子睡着后的研究时间）?
7. 我是否至少有一次做出了以前从未做过的明确猜想或推测?
8. 我是否对孩子的陈述进行了至少一次详细说明?
9. 我是否回到了之前讨论过的话题，并提供了更多的机制性信息?
10. 我是否对孩子的知识或兴趣有了一个新的了解?

核对清单是追踪我们行为的一种有效且低耗的方法，对许多人来说，它可能比日记更具有可持续性。[33] 这份清单只是建议性的。清单应包含你认为有吸引力的目标，并能支持和发展惊奇。它们也应该随着时间的推移而发展。核对清单和本书建议的所有其他清单一样，绝不应被视为一种核对不愉快的杂事的方式，从而使自己免于重复这一行动。如果内容选择得当，它们应该会激发起人们做更多同样事情的欲望。

塑造思维模式

我们可以为孩子树立正确的探索榜样。我们可以多问几个关于“为什么”和“如何”的问题，少问几个关于“是什么”“在哪里”“多少”的问题。[34] 我们可以告诉孩子如何将这些问题编排成序列，让孩子一起进行有趣的探索，而不是无情地审问孩子。通过更多地采用和发展这种机制性思维，我们可以丰富自己和他人的生活。微调这种思维的艺术之一，就是知道在每种情况下应该深入到什么程度。没有人能轻松了解绝大多数事物背后复杂的机制。他们必须在连续深入的阐释层次中得到引导，在这些层次中，较高层次的阐释有助于激发理解下一层次的能力。

假设你决定要了解病毒是如何感染一个生物体、繁殖，然后再感染另一个生物体的。好的教师可能会先介绍各种类型的微生物，然后迅速将重点放在病毒和细菌上，解释说所有病毒都需要进入宿主细胞进行繁殖，但只有少数细菌是如此。稍作停顿后，教师进一步说明病毒如何在细胞内复制成千上万个自己，然后再感染其他细胞，最后离开该生物体去感染另一个生物体。在整个阐述过程中，教师会暗示许多具有因果关系的步骤，比如病毒成功进入细胞、接管细胞组织、繁殖、将其部件组装成有效的新病毒，然后离开细胞。这么多的原理解释和观点，可能是一个成年人想要在一次会议中消化的全部内容。但即使是这样的信息量，也能提高阅读有关病毒的文章和聆听相关话题的能力。当掌握了第一个层次的解释并与其他知识点相互关联时，学习者可能会想要了解更多细节，比如 RNA 病毒和 DNA 病毒之间的区别，以及每种病毒的特性和来源。在消化了这些知识并在与他人讨论时加以运用之后，学习者可能还想了解有关 RNA 病毒侵入细胞膜的更多细节。

在了解关于病毒的最新知识之前，可能要经过十几个连续的、丰富的机制性解释层次。只有这样，我们才能充分了解所有未知的事物。要了解一个复杂的系统，不可能一蹴而就。你必须找到大小和结构适当的信息块，为掌握下一层次的细节奠定基础。资优教师会将信息打包，以优化这一过程。我们也可以自己学习如何接近一个新领域，了解不同层次的解释，并随着时间的推移将它们拆解开来。我们可以指导孩子们做同样的事情。当他们发现越来越多的因果结构层次，并开始掌握在某些自然节点暂停以巩固所学知识，他们就能掌握自己的学习节奏。这也许就是从历史的角度来教授科学往往效果很好的原因之一。历史进程往往会在某些层面停顿一段时间，然后再深入，因此可以为这些层面提供思路。在这个过程中，我们可以更明确地告诉孩子们，我们是如何探索和学习、停顿和巩固的，然后，如果我们觉得舒服并且仍然有兴趣，就深入下去。

> 我们可以以身作则，让孩子知道争论是为了学习，而不是为了获胜（除非我们是出庭律师）。我们可以告诉孩子，争论对双方来说都是有趣的，也是验证和改进想法的一种方式。我们可以培养孩子的这种能力，他们在这方面表现得越好，他们对真理本质的理解就会越有成效。

“为了学习而争论”可以通过日常礼仪来传达。我的一位儿时朋友，他家在每次聚餐时，都会有人（通常是他父亲）提出一个具有挑衅性或令人吃惊的说法，然后鼓励大家质疑这个说法，看看自己是否弄错了。作为此类聚餐的常客，我很快就了解到，这类聚餐本应是有趣的学习活动，而不是在争论中摧毁他人的机会。这是一个大家庭，父母双方都非常关注讨论的语气，当哥哥姐姐开始为了压制和打击弟弟妹妹而争论时，父母就会进行干预。从长远来看，以这种咄咄逼人的方式进行争论毫无乐趣可言，仅能带来一时的快感。而且，它不利于具有攻击性的对话者积累实际学习经验。这一点在生活中被实时生动地展示出来。

在多次拜访朋友家的过程中，我了解到，如果我认真倾听，或者在争论之前多思考几步，聚餐通常很有趣。起初，这种方式令人生畏，但很快就自然而然地成为一种学习如何富有成效地、愉快地进行争论的方式。我家的晚餐也有一些相同点，但我们家只有 3 个孩子，且年龄相差较大，我的父母会向我们灌输谦逊的思想。他们会提出一个话题，邀请我们争论，然后迅速用反驳意见压倒我们。值得称赞的是，在极少数情况下，如果我们能提出合理的反驳意见，他们也会欣然接受。

“为了学习而争论”意味着你愿意，甚至渴望改变自己的想法，不仅是在小事上，在大事上也是如此。你甚至可能想学习一些能定期大幅改变想法的知识。你可以考虑每月至少尝试一次改变自己对重要事物的理解。科学在持续进步，持续出现戏剧性的转折，我们也应该如此。当我们没有频繁地因概念而感到惊愕时，就有可能陷入证实偏见，而不是收获颠覆性的发现。在过去的几年里，我基本上每隔一个月问自己一次，我对某些事情的理解是否有改变。如果什么都想不起来，我就会开始认真审视自己对某种现象长期持有的信念，看看它是否经得起推敲。我的信念很少能经得起推敲，漏洞或缺陷会导致观点的惊人转变。如果漏洞没有引起转变，我就会去审视别的信念，直到我被惊愕到为止。

比如，我最近了解到，大型岩层受到月亮和太阳引力的影响，可以通过与潮汐相同的方式移动。[35] 这与我所有关于陆地结构稳定性的天真想法背道而驰，引发了一系列的后续问题和探索。我了解到潮汐周期会引发微地震和火山活动。我还了解到，更具“弹性”的山脉每隔 6 小时左右就会随着月亮的牵引力前后轻轻摇摆。巨大的安第斯山脉有节奏地来回摆动，看起来像是迪士尼电影《幻想曲》（*Fantasia*）中的一个场景。

除了每日核对清单，我们还可以考虑每周或每月核对清单，具体如下：

每周 / 月核对清单

1. 我的想法是否发生实质性的改变？这不仅意味着学到了新的知识或谬误，还意味着学到了新的因果模型或解释。
2. 我是否至少有一次以“从争论到学习”的方式对同伴公开提出不同意见，并由此引发了一次愉快的、互换信息的对话？
3. 我是否至少有一次以“从争论到学习”的方式对孩子公开提出不同意见，从而促成了一次愉快的、互换信息的对话？
4. 我是否至少有一次鼓励孩子不同意我的观点或怀疑我说的话，以此促进双方的理解？

我们可能会和伴侣核对同样的清单。这份清单上的活动都是共同学习和思考的核心，因此它们可以应用于任何二人小组以及更大的团体。孩子是生活的重要组成部分，父母与同龄人一起更多地参与此类活动，有助于更好地为未来做准备。

社区和学校的具体行动

我们已经了解到，在杂货店的奶制品区和农产品区摆放一些标牌，可以增加父母和孩子之间关于科学主题的对话。这种方法很容易在更大范围内实行。

将科学嵌入生活

帕塞克、戈林科夫及其同事计划将超市方法推广到他们所说的"思维景观"中。[36] 为了验证这一想法，该小组设计了一个城市游乐场，在壁画上展示空间谜题，这些壁画描绘了各种情境，邀请人们进行故事创作。游乐场有工作人员围绕所有设计组件进行互动，这表明在许多公共场所都有更广泛的类似嵌入式提示。我们还不知道，相同的景观是否能在相同程度上增加不同群体之间的互动，或者我们是否需要为特定的文化和经济群体量身定制每种景观，以达到最佳效果。"定制"游乐场可能是理想的方案，但如果标准化的改进措施在大多数情况下都能很好地发挥作用，那就更容易了。不引人注目的"谈话助推器"几乎可以完美地嵌入公共生活的所有领域。

在这一实例的基础上，做以下 3 个设想：

1. 设想一个四面透明、能显示内部机制的自动扶梯。各部分以不同的颜色编码，以揭示有意义的功能子单元和因果链。有一个可以提供每个部件的数量、材料成分以及每小时循环次数等信息的显示屏。这些"透视器"可以促进对机制复杂性、控制回路、同步运动以及许多其他模式的理解。
2. 设想公共空间里有一群"树"。黄昏时分，地面上微弱的 LED 灯开始闪烁，显示出"木维网"上的通信路径和方向。"木维网"是一个由真菌卷须组成的网络，它将不同物种的所有树木联系在一起。通过手机应用程序，用户可以在代表提供营养的网络和警告其他树木对入侵者做出免疫反应的 LED 图案之间进行切换。如果在地面上安装 LED 灯太具侵略性，用户可以通过一个应用程序来查看草地上的路径。

3. 设想一个大型销售商出售的每只狗碗上都有一张狗粮的图片，上面放着水果片。“为什么人类必须吃水果，狗却不用？”这个问题引发了许多后续调查。你可能会了解到，人类、灵长类动物、豚鼠、蝙蝠和少数鱼类无法从其他食物中合成维生素 C，而狗和其他大多数动物可以。这些依赖维生素 C 的动物大多缺少较长合成链中的最后一步。为什么在进化过程中最后一步被淘汰了？这是一个令人费解的谜团，但对于各个年龄段的宠物主人来说，都很容易理解。

以上设想只是纸上谈兵，其他人创造的展示效果要好得多。以下 8 项设计原则或许能提供有用的指导：

1. 勤俭节约。吸引人的展示只有在低成本的情况下才能传播。
2. 允许他人复制。
3. 在日常场所进行展示，包括公交车站、小公园、街角，甚至工作场所。不要在科学博物馆或动物园等正式场所进行展示。
4. 使用简短的语言，假定相关的先验知识很少。
5. 提出一个人们会觉得有趣和相关的难题。
6. 提供部分答案或提示，以获得更全面的答案。
7. 鼓励跨年龄段的讨论。
8. 在更大的区域内使用应用程序，记录和分享有关此类展示的想法。

空间、时间和其他维度的映射

一些社区已经建立了太阳系的比例模型。1997 年，为了纪念科学家兼作家卡尔·萨根（Carl Sagan），人们在纽约州伊萨卡创建了一个美丽的模型系统。美国有20多个半永久性的太阳系模型，全世界有100多个。参观完其中一整个模型会让人大开眼界。与太阳相比，行星微小的体积令人惊讶。比如在1个太阳系模型中，直径1米的太阳对应的是鹅卵石大小的地球和葡萄大小的木星。更令人震惊的是每颗微小的行星模型之间的距离。地球模型距离太阳模型大约有33米，乍看起来非常遥远，而冥王星模型距离太阳模型大约有1 600米远，中间有一个介于火星模型和木星模型之间的很大间隔（小行星带）。

每个人都会被这样的规模和宏伟气派所震撼。关于远距离因果影响的新问题和新惊奇很容易出现。太阳系之外还存在许多其他空间。生物结构的规模令人着迷。如果一个典型的人类血细胞和一个棒球一样大，那么一个成年人的身高大约为16 000米。相比之下，典型的病毒充其量只是一粒微不足道的尘埃。依照这一比例绘成的壁画可以让人们了解一个细胞中可以容纳多少病毒，或许还能让人们对社交距离有一些不同的看法。

在建筑和自然环境中可以描绘出许多相对的空间关系，如动物身体的各个部分、星系或电路。我们可以开发手机应用程序，让驾驶员和乘客在车辆行驶过程中了解相对空间关系。如果你每天从家到公司的路线相同，那么每天早上出发时，你可以将整个上班距离设定为你整个身体的长度（或你选择的任何其他标准），并让应用程序告诉你什么时候已经走到了身体的哪个器官。如果是16 000米的通勤路程，你的手机可能会立即告诉你，你经过了一个病毒和一个红细胞。如果你对细胞水平上的结构感兴趣，你可以修改应用程序的比例，让一个小雀斑的大小与你的整个通勤路程相当。你还可以让它假设碳原子有一定大小，比如像一粒沙子那么大，然后当你越过比胡椒粒大的东西时，它就会发出警报。其他人也可以为应用程序贡献有趣的新空间进程，从阿巴拉契亚步道的徒步旅行距离，到历史性的远洋航行，再到纳米技术新领域的尺寸差异，不一而足。此外，该应用程序还可以为当地的远足、骑行、家庭长途汽车旅行或横贯大陆的火车旅行提供相同的关系信息。如果实际距离很远，应用程序可以同时显示两个进程，这样听众就能更好地了解各地之间的相对距离。我可以很容易地想象到，很快就会有一个包含数千种此类空间进程的图书馆了。

空间范围有一个吸引人的用途是模拟时间等要素。比如，想象一下从波士顿公共图书馆到纽约公共图书馆的旅行。波士顿代表地球上首次出现生命的时间，而纽约代表人类首次出现的时间。许多旅行者惊讶地发现，有细胞核的细胞最早出现在康涅狄格州的新伦敦附近，而多细胞生物直到纽黑文才出现。恐龙在一个叫白原的城市附近突然出现，在马马罗内克突然消失。人类出现在纽约中央火车站，距离纽约公共图书馆只有几个街区（见图 9–2）。

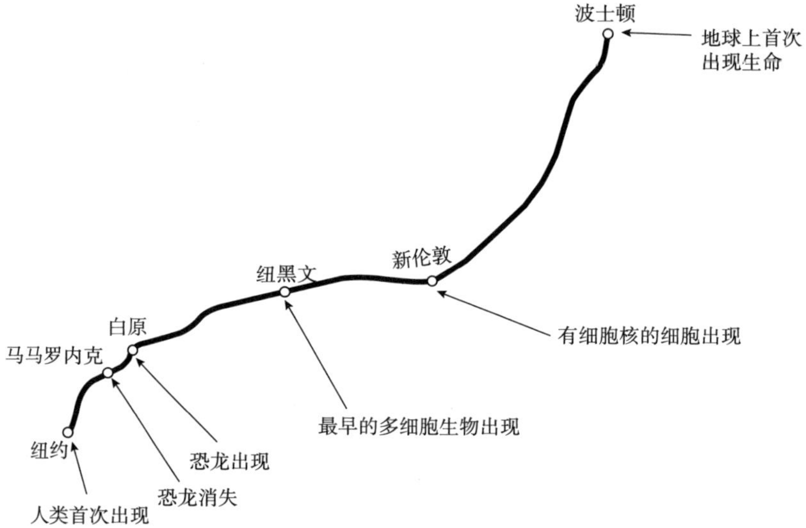

图 9–2　从波士顿到纽约的旅行映射地球上首次出现生命到人类出现的时间轴

我们还可以为现代设备的生产历程创建类似的空间版本时间线。比如室内照明的历史，从简单的火焰开始，到蜡烛，到油灯和煤气灯，到白炽灯，再到 LED 照明。再比如从第一台照相机到今天的数码相机，从第一枚火箭到最新的航天器。发展心理学和发育生物学的课题也可以用同样的方式来揭示。比如，如果你的家代表孩子出生那天，而办公室代表孩子 5 岁的时候，你可能想知道在这段通勤行程中，与月份和年份相对应的特定位置上孩子一般会使用的词汇和句子结构。在发育生物学中，我们可以将从受孕到出生的对应空间尺度设定在各种生物身上。

任何有趣的历史时期都可以轻松建模。在许多情况下，高中和大学课程的内容可以与时间线相结合。时间线的设置可以不受限制。我们甚至可以展示几条不同的历史线索是如何同时出现，然后结合在一起形成最终产物的，或者一个发现是如何导致后来的分支事件的。这些叙述很容易突显出发明前期的跨文化和多学科性质。它们还可以展示那些本可以避免战争或饥荒的悲剧性失误。在某些应用程序中，最受喜爱的科学家或历史学家会用欢快的声音讲述每一个新的重要节点。

通过加快或减慢空间尺度上显示的因果事件，还可以获得其他启示。试想一下，将细胞有丝分裂的速度加快 10 倍，并以相应缩放的距离对每个阶段进行阐述；或者将从视觉图像触及视网膜到人有意识地认出一张脸的各个阶段的时间放慢。时间并不是唯一可以映射到距离上的连续体。无数其他尺度也可以如此映射。一家大公司的相对工资也可以被揭示出来。当一家大公司里工资最低的员工开车去公司上班时，他们可能会惊讶地发现，如果他们的起点是首席执行官的工资，终点是根本没有工资，那么他们直到最后 100 米才会路过自己的工资。各种设备的活动部件总数也可以被揭示出来，从而使人们粗略地了解其相对复杂性。

因果循环可以通过遍布全球的环形道路来说明。比如，堪萨斯城周围的 I–435 公路的出口和入口可以用来说明克雷布斯循环。从迈阿密到佛罗里达州基韦斯特的海外高速公路等跨越岛屿的路线可以用来模拟具有离散步骤的因果链。其他有汇聚和发散分支的路线可以用来说明具有共同原因或共同影响的系统。

我们现在就可以开始这样做。有了真实的三维模型和可根据距离缩放信息的应用程序，我们不仅可以在科学领域，还可以在任何存在可建模结构的领域体验有趣的模式。这些跨学科映射不仅为了解相对量级提供了机会，而且能促进共同旅行者之间的对话。有争议的时间线既可以被揭示出来，也可以引发讨论，大家可以探讨哪个时间线看起来更合理，以及为什么更合理。

社区举办科学和工程学活动

在社区和学校层面，我们可以致力于促进更多人参与科学和工程学实践，并推动相关政策的制定。我们可以举办“鸡蛋坠落”庆祝日，邀请所有社区成员开发鸡蛋运输工具，使鸡蛋从 20 米高的地方坠落后能够完好无损。我们还可以改变活动内容，比如设计一种运载工具，能以最快的速度将鸡蛋运到离目标最近的地方，同时还不会把鸡蛋打碎；设计一种运载工具，在不使用辅助工具的情况下，使鸡蛋在空中飞行的时间最长；设计一个容器，接住从高空投下的鸡蛋。这类挑战赛通常不是紧张的竞赛，而是对不同设计及其成果的趣味分享，并为所有人准备了丰厚的奖品。我参加过几次比赛，目睹了观众和参赛者之间的许多讨论、临时合作、创新，以及欢声笑语。这类活动需要当场解决问题和进行创新，并就失败作品的后续处理提出有见地的建议。复活节前后，我和妻子克里斯蒂在耶鲁大学的一所住宿学院组织了投放彩蛋活动，我在那里担任了 11 年的院长。最近，我们看到许多学生为一道难题苦恼不已，却为自己和他人的奇特而巧妙的设计感到高兴。

创客运动

“创客空间”如雨后春笋般出现在世界各地的城镇，并受到教育研究人员的广泛欢迎，适用于从学前班到大学的人群。“创客运动”指的是在同一实体“创客空间”或网络社区中创造物品并相互分享知识。共享技能和知识是一个核心主题，人们可以平等获取解决问题所需的工具，包括 3D 打印机等高科技工具，但与早期的计算机黑客空间不同的是，这里强调的是实物产品，产品范围从机器人到编织地毯。人们对这一运动很乐观，认为只要有机会进入设备齐全的“创客空间”，任何人都能“改变世界”。[37]

“创客空间”尚未出现大规模颠覆性技术，但出现颠覆性技术并不是“创客空间”最大的好处。在这些空间工作确实能让参与者更好地了解制作各种物品的过程。它还能让我们更清楚地了解他人是如何设计针对特定问题的解决方案的，比如最便宜耐用的人行桥，它可以跨越超过 1 米宽的溪流，且同时承载 4 个人在上面行走；有一种可以在建筑物的通风管道中移动的设备，它可以发现霉菌。作为这些设计挑战的一部分，人们开始了解日常物品中反复出现的某些组件或机制，包括如何将圆周运动转换为线性运动，如何利用滑轮和齿轮增加力量，如何为定时电路编程，以及如何减少振动。当制造者对这些问题的解决方案有所了解后，他们就能更好地理解其他事物是如何运作的。

在教育环境中，“创客空间”将一种可能仅限于特权儿童的技能平民化。空间可以带来新的社区感和归属感，而“创客空间”还能激发创造力，创造力在某些课堂上可能不容易表现出来。[38] 现在，许多学校都有专门的“创客空间”，让学生更好地了解各种设计和制造过程，并提供有关改进新设备或为其增加功能的新见解。一种有效的教学方法是提出一个经过深思熟虑的设计挑战，并提供工具和材料来应对这一挑战。然而，在许多情况下，主要的好处可能只是享受创造新奇物品的过程，并与他人分享这种活动。要想在对科学或技术的理解上取得实质性进展则困难得多。[39] 消极的一面是，这些“创客空间”可能会被一些公司“劫持”，这些公司针对特定的挑战兜售昂贵的“创客工具包”。这些对过度劳累的教师来说当然很有吸引力，但往往会减弱他们对利用当地材料进行独特创造的参与感。

社区“创客空间”似乎能让各个年龄段的人重新发现“手工”制作的乐趣，并获得解决问题的满足感。即使是最简单的东西，人们也能更好地体会到设计和制作过程中的种种艰辛。然而，它们的主要任务并不是让人们更清楚地了解周围事物在人造界和自然界中是如何运作的。这些方面的见解可能会带来一些好处，但并不是核心目标。

在线挑战思维变革

为了深化理解，我们需要持续接受新思想，并在适当的时候改变自己的想法。人们不会轻易改变重要的核心信念，但如果有适当的理由，他们是可以改变的。智识谦逊不仅包括承认自己的错误，还包括在长时间没有获得有趣的概念和见解时感到“概念改变饥渴”。我们可以通过网络游戏发布当天、本周、本月和本年度最伟大的思想转变，从而提高人们对自我驱动的观念转变的兴趣。人们可以提供自己改变想法的案例，并请其他人投票，看看他们是否也以类似的方式改变了想法。我们可以采用标准格式，比如以“为什么”“如何”开头，然后用 50～100 字讲解一个人过去的想法，再用 50～100 字讲解他现在的想法和改变想法的原因。其他人也可以加入进来，发表支持或反对意见，或提出新的替代解释。如果一群志愿者通过长时间的讨论提出了几个例子，然后将这些例子发布出去，那么这些例子就会成为一个大型在线社区的种子。

城市举办科学表演或讲座

我曾说过，有关科学和工程学进步的历史叙事可以加深人们对各种现象、装置以及科学本质的理解。如果某个城镇的某个人曾有过重大发现，或者如果该城镇的经济依赖于某个特定的发明，那么该城镇就可以通过重现事件的经过来表示庆祝。如果某一发明是经过几代人的努力才完成的，那么可以通过每个时代的服装和布景来重现。一些科学教师在高中课堂上对某个发明进行情景再现，这些表演可能成为学生对高中科学内容最深刻的记忆。在同一场演出中，中场休息时大家可以围绕同一主题创作歌曲、诗歌和打油诗。目前在研究生阶段流行的一种变体是让学生表演他们的论文。[40] 我曾在网上看到过，一个动作流畅的博主将自己关于量子纠缠的最新发现跳成探戈。[41] 这种表演不一定非要在大学和中学进行。它们可以作为庆祝活动、集市和其他集会的一部分，出现在城镇里。

我们可以赞助讲座和其他活动，向他人展示科学之美，正如我们支持科学博物馆一样，并更多地参与到活动中，以确保它们尽可能提供最好的体验。我们或许可以重现一个多世纪前的“肖托夸运动”，为普通大众带来知识分子的乐趣，而不仅仅是为少数有能力到名胜古迹参加会议的特权阶层带来乐趣。我们可以在本地媒体上提出耐人寻味的谜题，就像我们现在遇到填字游戏和数独一样。比如，我们可以问那些腿瘦小、没有保温性能的鸟为什么能在零摄氏度以下的天气里在室外站几个小时而不被冻伤，或者为什么特氟龙能粘在平底锅上而不能粘在其他东西上，这两个问题都有已知的答案。我们还可以问为什么没有人能制造出室温超导体，我相信这仍然是一个谜。我们可以提出“找出冒名顶替者谜题”，让对决双方就各种现象提出不同的论据或解释，然后让观众投票决定谁说的是真话。在最戏剧化的情况下，一个熟练的冒名顶替者可能不会事先得到任何关于话题的通知。我曾观察过一些这样的即兴解释表演，通过邀请观众参与现场表演，可以提高参与度并增强学习效果，其诱惑力令人震惊。至少，在线演讲视频可以像某些健身视频（比如动感单车）那样，通过直播的形式邀请观众实时参与。

国家的具体行动

在国家层面，不仅要通过政策支持科学研究和教育，而且要立法要求团体对其所做的事情或制造的产品做出解释。我们可以要求那些宣传新款汽车或药物优于旧款汽车或药物的公司解释新产品的改良之处，并提供公众能够理解的、合理的、有因果关系的证据。最起码，他们应该描述一下能证明改良的实验，同时承认他们仍然对原理感到困惑。这将与目前那些以“解释”为名，利用表面相似性误导大众的可耻广告形成鲜明对比。在国家层面，一个鼓舞人心的迹象是美国公共广播公司最近推出了一个新的系列节目《埃莉诺想知道为什么》（*Elinor Wonders Why*）。该节目由机械工程师豪尔赫·陈（Jorge Cham）和物理学家丹尼尔·怀特森（Daniel Whiteson）共同开发，主要讲述了当你在了解某物的工作原理时，发现自己还有很多东西不知道，从而产生喜悦之情。[42] 我们越能用真人和动画来说明这一过程就越好。

“维修权”运动

现在已经有一场“维修权”运动，要求制造商生产更便于用户修理的设备。与前面提到的其他倡议联系起来，可以极大地促进这些运动。了解机制知识更多的公众可以成为更有能力的消费者。这种“维修权”运动在某种程度上更接近于加深对机制原理的理解，但它主要关注的是获得可用的维修说明、可更换的零件、专业维修工具，以及合理的价格，而不是关于手机等设备实际工作原理的信息。这种运动既可以发生在社区层面，也可以发生在国家层面。我在纽黑文参观过一家自行车修理店，它融合了“创客运动”和“修理文化”。全国各地的农民群体希望能够以合理的价格自己修理昂贵的农用设备。除这些目标外，我们还有权获得简单的解释，了解组件的作用以及它们为什么会出现在设备中。如果能得到关于某些组成部分的解释，比如会让人沉迷于社交媒体网站的人工智能程序，我们可能会大开眼界。

科学政策与资助

在可能的情况下，广大公众应切实参与有关基础科学经费的讨论。他们应该能够了解到那些不仅仅关注国防、疾病和衰老的发现和进步。潜在的益处应包括有助于满足好奇心，而不考虑任何实际影响。几十年来，宇宙学理论发生的惊人变化可能与我们的日常生活关系不大，但对于该领域之外的许多人来说，这些变化是朝着更好地理解我们的终极起源和在宇宙中的位置迈出的极其重要的一步。要让公众更多地参与进来，需要教育工作者、科学家、科学传播者和政治家等多个群体的支持。他们应该携起手来，确保每个人都能更详细地了解世界的运作方式，以及这如何使生活体验更加深刻、更加美好。在许多情况下，这种理想主义的动机可能最终会影响到更实际的决策。公众应该明白，前往火星不仅是为了经济利益或炫耀，也是为了加深对宇宙的了解。我们必须拒绝这样的说法，即所有这些激发和保护惊奇的方法都是为开明的精英准备的。孩子们告诉我们，事实并非如此。

提高公众对科学的参与度将使所有人都能更好地应对紧急问题。奇思妙想提供的远不止是更多地参与科学和改善健康的途径。那些能够公开对任何事情感到好奇的人，能够对整个社会产生变革性的影响。真正的惊奇是没有伪装或别有用心的。它让人谦逊，让人更好地了解自己知道的和不知道的事物。它能带来新的见解，赋予被压迫者新的权利，引导地球远离自我毁灭。政治作家安德烈娅·巴蒂斯塔·施莱辛格（Andrea Batista Schlesinger）在《为什么之死？质疑的衰落与民主的未来》（*The Death of Why？ The Decline of Questioning and the Future of Democracy*）一书中认为，随着关于“为什么”问题的减少，对社会和政治关键问题的讨论也不可避免地减少，并威胁到民主本身。

为什么相比于中间年龄段的人，年轻的人和年长的人对物质财富兴趣不大？他们最大的快乐来自社会联系、共同经历以及发现能丰富这些经历的新事物。孩子向所有人展示了我们对世界的惊奇和激发这些惊奇的内在动力。当忽视甚至放弃这一伟大的认知禀赋时，我们都会被削弱得很渺小。当拥抱和滋养惊奇时，我们就会激发彼此的灵感，让自己与周围的每件事、每个人的互动变得更有意义、更充实。对科学的惊奇和热爱并不是少数“书呆子”精英的专利，通往惊奇世界的大门向孩子敞开，他们都迫不及待地进入，并通过循环往复的探索和发现，学习更多有关惊奇世界的技能。我们只需敞开大门，确保在一生中持续获得和分享关于世界运作的新见解和新乐趣。

注释
与参考文献

考虑到环保的因素，也为了节省纸张、降低图书定价，本书编辑制作了电子版的注释与参考文献。请扫描下方二维码，直达图书详情页，点击“阅读资料包”获取。

WONDER

致 谢

从最初的阶段到几个完整的草稿，我非常感谢很多人帮助我完善这本书。

我对妻子克里斯蒂的感激之情是无以言表的。她不仅是我的妻子，还是我 49 年来的灵魂伴侣。在本书的撰写过程中，她与我一起详细讨论了每个方面，并阅读了几个版本的全文以及许多大纲。每当这个项目遇到困难时，她总是给予我鼓励。她以温和的方式提醒我，我会写出冗长的句子和复杂的段落。她总是用幽默的口吻指出这些问题，并给予我支持。她还是我最重要的研究合作伙伴，在本书讲解的几项研究中起到了主要作用，在其他许多研究中也发挥了重要作用。她的才华、实验技巧和对孩子异常敏锐的直觉帮助我更清晰地理解和洞察儿童思维的发展过程。她的存在以及她那充满活力和创造力的头脑持续激发着我去探索新的领域。最重要的是，我无限感激她付出极大精力成为世界上最出色的母亲的同时，还包容着我。通过她，我学到的关于孩子的知识比其他任何渠道都要多；通过她，我看到了父母如何激发和培养孩子的惊奇；通过她，我学到了如何成为更好的父母，这正是我所迫切需要的信息；通过她，我见证了 3 个儿子（德里克、迪伦和马蒂）的成长，这是我一生中最有价值的经历。最近，当我看着她和我们的孙女弗朗西丝、玛伦和波佩在一起时，我再次体验到这一切。

我也深深感谢我的 3 个儿子，他们是终身惊奇的理想典范，为这个项目作出了巨大的贡献。德里克，化学专业出身，现在是一名建筑师，他曾多次与我讨论本书中的众多主题，每次都带来绝妙的见解与进一步探究的建议。他对世界运转的惊奇依然强烈且无止境。迪伦是工程专业出身，同时也是一位创业奇才，他极具洞察力地评论所有事物，能看到许多人都忽略的模式。他对招股说明书和全书草稿的评论恰到好处，与该领域的一些顶尖专家产生了不同凡响的共鸣。而生物学专业出身的马蒂，作为美国高中科学教师、科学教育博士和医学博士，比我认识的任何人都更了解从更多角度学习和接触科学。他提出的许多建议，都让本书变得与众不同。我的 3 个儿子都给了我非常宝贵的见解和支持。

我很高兴德里克的妻子伊登对本书中的主题提出了许多极具洞察力的见解，作为天才艺术家兼编辑，她为本书增添了许多宝贵的观点。迪伦的妻子凯特是一位地质科学家，同时也是玛伦和波佩的母亲，不知她是如何抽出时间对本书的每一章都提出非常有帮助的建议的，她总是以敏锐的眼光来赞美科学，她的贡献使得本书更加丰富和深刻。

除了我的家人，我也非常感谢我亲爱的朋友和同事保罗·布卢姆。多年来，保罗一直鼓励我撰写一本通俗易懂的书，他通过对历次大纲的评论，耐心地指导我完成了为更广泛的读者写书的过程。他对草稿提出的意见非常有帮助，充满深刻见解。保罗始终不遗余力地支持和鼓励我，认为我的潜力远远超过了我的实际水平，同时也帮助我更接近我的理想。

迪克·布罗德黑德是一位杰出的学者、教师和国家级学术领袖，他给我带来了许多启发。在探索如何将我的科学思想与非科学背景的人联系起来时，我找不到比这位人文科学领军人物更好的导师了。迪克让我深入了解了惊奇的起源和含义，同时帮助我找到了与更广泛思想流派联系的方法。他对图书内容和书名提出的意见非常宝贵。

我还要感谢另一位人文科学领域杰出的学者凯蒂·洛夫顿，她是一位专注于宗教和历史研究的学者，同时也是耶鲁大学人文学院的院长。一次偶然的走廊相遇，我提到了我正在着手写这本书，她非常高兴地要求看一看。我的草稿给得有些迟，我原以为在新型冠状病毒疫情期间，它可能会被埋没在一堆关于远程教学和行政事务的邮件之中。然而，出乎意料的是，仅仅几周后，凯蒂便提出了极具建设性的意见，这些意见对最终定稿产生了深远的影响。

我非常感谢东林学校的现任校长劳拉·康，她花了很多时间查阅学校档案，为我提供了半个多世纪前我那位杰出的科学教师的资料。我还要感谢瓦瓦拉·彼得罗洛娃，她从俄罗斯的角度介绍了人造卫星时代的知识。

从博士后到本科生，从实验室管理员到暑期实习生，我将永远感激我的实验室团队，无论是过去还是现在的所有成员。虽然无法一一列举每位同事，但他们都对我的思想产生了重要影响。在过去的 40 年里，我独自一人无法完成这段研究和学术之旅，因此我要特别感谢他们的诸多贡献。每当我使用“我们”来阐述一项研究时，都意味着实验室团队成员的参与，他们往往扮演着关键的角色，他们的名字出现在许多注释中。

我要感谢 3 位匿名的书评人，他们对本书早期的每一章都提出了详细的建议，对我后来的写作起到了宝贵的指导作用。我还要特别感谢两位审稿人，他们对每一章都提出了非常有帮助的、详细的意见。

本书中的部分内容基于美国国家科学基金会资助的研究成果。本书中表达的所有观点、发现、结论或建议均为作者个人观点，并不一定反映美国国家科学基金会的观点。在美国国家科学基金会内部，我特别感谢 EHR 核心研究计划及其富有远见和热情的领导者格雷格·所罗门。我还要感谢美国国立卫生研究院（National Institutes of Health）、邓普顿基金会（Templeton Foundation）和麦克唐纳基金会（McDonnell Foundation）对我的研究和跨学科会议的资助。与美国国家科学基金会一样，我撰写的文章并不一定反映这些资助者的观点。我特别感谢麦克唐纳基金会的两位有感召力的领导者约翰·布鲁尔和苏珊·菲茨帕特里克，30 多年来，他们为我提供了难得的机会，让我获得了关于认知科学、学习和教育的重要新视角。

我要深切感谢麻省理工学院出版社的众多工作人员。自从我在麻省理工学院读本科以来，该出版社一直是我作为认知科学家职业发展中不可或缺的一部分。麻省理工学院出版社社长埃米·布兰德和资深编辑菲尔·劳克林是我在其他项目中的长期合作伙伴，因此当他们对本书表示感兴趣时，我非常高兴。菲尔在选择匿名审稿人、提供各种反馈上表现出色。特别要感谢常务副主编德博拉·坎托－亚当斯和雷吉娜·格雷戈里，他们对我的书稿做出了清晰而富有见地的修改。同时，我也要对麻省理工学院出版社的其他成员表示感激，包括采购编辑亚历克斯·胡普斯、设计师莫莉·西曼斯、艺术协调员肖恩·莱利、制作协调员托丽·博多齐安以及公关人员希瑟·戈斯。最后，非常感谢我的索引师托比亚·沃尔德伦。

未来，属于终身学习者

我们正在亲历前所未有的变革——互联网改变了信息传递的方式，指数级技术快速发展并颠覆商业世界，人工智能正在侵占越来越多的人类领地。

面对这些变化，我们需要问自己：未来需要什么样的人才？

答案是，成为终身学习者。终身学习意味着永不停歇地追求全面的知识结构、强大的逻辑思考能力和敏锐的感知力。这是一种能够在不断变化中随时重建、更新认知体系的能力。阅读，无疑是帮助我们提高这种能力的最佳途径。

在充满不确定性的时代，答案并不总是简单地出现在书本之中。“读万卷书”不仅要亲自阅读、广泛阅读，也需要我们深入探索好书的内部世界，让知识不再局限于书本之中。

湛庐阅读 App：与最聪明的人共同进化

我们现在推出全新的湛庐阅读 App，它将成为您在书本之外，践行终身学习的场所。

- 不用考虑“读什么”。这里汇集了湛庐所有纸质书、电子书、有声书和各种阅读服务。
- 可以学习“怎么读”。我们提供包括课程、精读班和讲书在内的全方位阅读解决方案。
- 谁来领读？您能最先了解到作者、译者、专家等大咖的前沿洞见，他们是高质量思想的源泉。
- 与谁共读？您将加入优秀的读者和终身学习者的行列，他们对阅读和学习具有持久的热情和源源不断的动力。

在湛庐阅读 App 首页，编辑为您精选了经典书目和优质音视频内容，每天早、中、晚更新，满足您不间断的阅读需求。

【特别专题】【主题书单】【人物特写】等原创专栏，提供专业、深度的解读和选书参考，回应社会议题，是您了解湛庐近千位重要作者思想的独家渠道。

在每本图书的详情页，您将通过深度导读栏目【专家视点】【深度访谈】和【书评】读懂、读透一本好书。

通过这个不设限的学习平台，您在任何时间、任何地点都能获得有价值的思想，并通过阅读实现终身学习。我们邀您共建一个与最聪明的人共同进化的社区，使其成为先进思想交汇的聚集地，这正是我们的使命和价值所在。

著作权合同登记号：图字：01-2025-1063 号

图书在版编目（CIP）数据

惊奇岁月 /（美）弗兰克·凯尔（Frank C. Keil）著；马小凤译. -- 北京：中国纺织出版社有限公司，2025. 5. -- ISBN 978-7-5229-2725-1

Ⅰ. B844.1

中国国家版本馆CIP数据核字第2025JD7357号

责任编辑：郭紫瞳　　责任校对：王花妮　　责任印制：王艳丽

中国纺织出版社有限公司出版发行

地址：北京市朝阳区百子湾东里 A407 号楼　邮政编码：100124

销售电话：010—67004422　传真：010—87155801

http://www.c-textilep. com

中国纺织出版社天猫旗舰店

官方微博 http://weibo.com/2119887771

天津中印联印务有限公司印刷　各地新华书店经销

2025年5月第1版第1次印刷

开本：710 × 965　1/16　印张：15.75　插页：1

字数：253千字　定价：109.90元

凡购本书，如有缺页、倒页、脱页，由本社图书营销中心调换